걸어서 코리아

걸어서 코리아

초 판 1쇄 2023년 07월 27일

지은이 이준목
펴낸이 류종렬

펴낸곳 미다스북스
본부장 임종익
편집장 이다경
책임진행 김가영, 신은서, 박유진, 윤가희, 정보미

등록 2001년 3월 21일 제2001-000040호
주소 서울시 마포구 양화로 133 서교타워 711호
전화 02) 322-7802~3
팩스 02) 6007-1845
블로그 http://blog.naver.com/midasbooks
전자주소 midasbooks@hanmail.net
페이스북 https://www.facebook.com/midasbooks425
인스타그램 https://www.instagram/midasbooks

© 이준목, 미다스북스 2023, *Printed in Korea*.

ISBN 979-11-6910-292-6 03980

값 **23,500원**

🚶 **미다스북스**는 다음세대에게 필요한 지혜와 교양을 생각합니다.

걸어서 코리아

★★★★★
저자가
직접 그린 동선
지도 제공

★★★★★
<부록>
일자별 권역별 걷기
통계&정보

201일간의
대한민국 방방곡곡
걷기여행

이준목 지음

17개 시·도청과 228개 시·군·구청을 경유하는 6,012㎞의 대장정, 그 여정의 기록!

미다스북스

더 자세히 보기

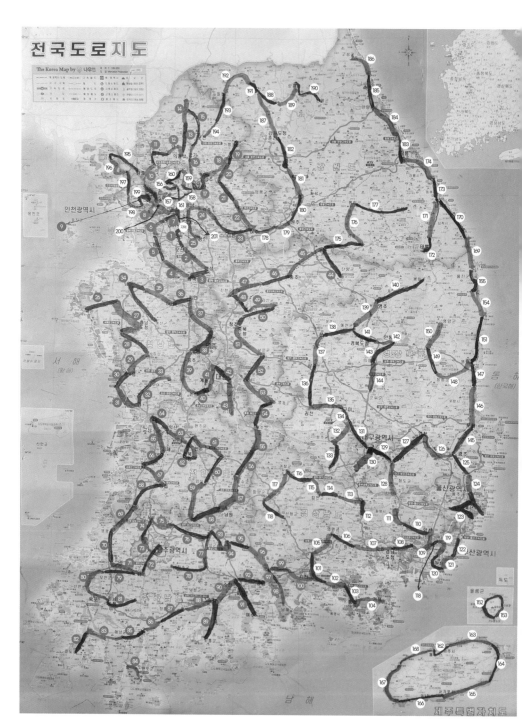

일러두기

1. 왼쪽 페이지의 지도는 저자가 직접 그린 동선입니다. 201일간의 여정을 돌아보며 정성
으로 그렸습니다.
2. 본문에서 일치별로 들어간 QR코드를 스마트폰으로 스캔하면, 저자가 매일 걸었던 동
선을 볼 수 있습니다. 카메라 앱이나 QR코드 스캔이 가능한 프로그램을 통해 활용하세요.
이미지는 GPS 앱 〈트랭글(tranggle)〉.
3. 걷기여행이나 동선에 대해 궁금한 게 있거나 도움이 필요하다면 저자의 메일, 페이스
북, 유튜브를 통해 연락해도 좋습니다.

    나는 걷기운동이나 걷기여행에 관한 학자도, 의사도, 전문가도 아니다. 이 책은 학술서적이나 전문서적도 아니다. 오직 내가 직접 17개 광역시·도청과 228개 기초 시·군·구청을 경유하며 걸은 전국 방방곡곡일주 걷기여행과 관련해 나만의 소중한 추억과 소감을, 마음에 와닿는대로 그리고 최대한 사실 그대로 전하고자 하며, 체험 과정에서 얻어진, 걷기여행에 관한 주관적 노하우를 공유하고자 하는 것이다.

    아울러, 그간 경유한 전국 시·도청 및 시·군·구청 리스트, 걷기여행의 시행시기, 동선, 걷기거리, 속도, 소요시간, 기타 통계수치 등 세부정보를 공개함으로써 중·장거리 걷기여행을 계획 또는 실행하는 이들이 참고하도록 하였으며, 전국걷기여행 시행사실 증명을 위해, 유튜브(채널명 '걸어서 코리아') 동영상 인증 샷, 스마트폰 지도 앱과 걷기운동앱의 기록결과 등을 증빙자료로 확보하였음을 밝혀 둔다.

    나는 아마도, 현재로서는 국가기관이나 민간단체의 공인제도 등이 없는 관계로 단정할 수는 없지만, 아직까지 알려진 바가 없고 인터넷 등에서도 발견되지 않으니, 대한민국의 방방곡곡, 즉 전국 모든 지역을 직접걸어서 돌아본 최초의 인간일 것이다. 누가 내 주장의 근거를 물어본다면 "내가 직접 해 봐서 안다."라고 말하는 것 외에 달리 내세울 것이 없다. 행여나 이 책의 내용과 다른 의견을 가진 분이 있다면, '전국을 이렇게 걸었고, 이런 생각을 가진 사람도 있구나.' 하는 정도로 너그럽게 이해해 주시기 바란다.

평소 걷기운동 마니아로서 걷기여행에 특별히 관심이 많던 나는, 여건이 허락만 된다면 언젠가는 전국 모든 지역을 직접 걸어서 순회하고 싶다는 꿈을, 이른바 '버킷리스트'로 소중하게 간직해 왔었다. 그리고 직장 은퇴 후 드디어 기회가 찾아왔다. '전국일주 걷기여행'을 시작하기 전, 그 준비과정 일부로 걷기여행과 관련된 책들을 읽어 보았다.

한 분은 59세에 125일간 북미대륙 LA에서 뉴욕까지 5,200㎞를 마라톤으로 횡단했고, 또 한 분은 63세에 35일간 남부유럽의 산티아고 순례길 중 프랑스에서 스페인에 이르는 프랑스 길 920㎞를 걸어 완주하였다. 다른 한 분은 여성으로서, 65세에 23일간 해남 땅끝마을에서 강원도 고성의 통일전망대까지 800㎞를 걸어 종단하였다. 또 다른 한 분은 66세에 30일간 전주에서부터 부산, 춘천을 거쳐 서울까지 877㎞에 달하는 3천 리 길을 걸었다. 모두 젊지 않은 나이임에도 불구하고 '큰 목표'를 정한 후, 수많은 어려움을 인내와 땀으로 극복해 내며 성취를 이룬 분들이었다.

그분들에 대비해 보니, 나는 60세였다. 그리고 걸어야 할 전국의 거리를 계산해 보니 6,000㎞가량으로 200여 일이 걸리기는 하겠지만, 명색이 자칭 · 타칭 '걷기 마니아'인 내가 못 할 것도 없겠다는 생각이 들었다.

그렇지만 '이론과 실제는 다르다'는 말도 있듯, 막상 걸어 보니 그 어려움은 상상 그 이상이었다. 시도 때도 없이 밀려오는 난관과 맞닥뜨리기도 했고, 초보 전국 걷기여행자로서 겪을 수밖에 없는 시행착오를 수시로 감내해야 했다.

하지만 세상사 모두가 그러하듯, '시련'이란 어려우면 어려울수록 극복하고 난 뒤에는 더욱 큰 기쁨으로 보답이 되어 돌아오는 법이다. '전국일주 걷기여행'을 마쳤을 때에는 그동안의 고통은 온데간데없고, 세상을 다 얻은 듯한 승리감과, 돈으로는 가치를 따질 수 없는 희열을 느꼈다.

나는 '걷기란 즐거운 놀이'라고 믿는다. '걷기가 몸과 마음을 이롭게 할 뿐 아니라, 힘들기보다는 즐거운 것'이라는 인식이 당연시되는 '즐거운 걷기' 문화가 세상에 널리 퍼져 더욱 건강하고 행복해지는 사람들이 많아지기를 바란다.

성경에 나오는 이야기이다. 하느님이 "소돔과 고모라에 악(惡)이 창궐했기 때문에 이 두 곳을 멸망시킬 것이다."라고 하자, 아브라함이 간청한다. "만일 그들 중 의인(義人) 50명 있어도 멸하시겠습니까?", "그렇다면 용서하겠다.", "40명은요?", "역시 용서하겠다.", "30명은요?", "그래도 용서하겠다.", "그럼 10명만 찾으면 멸하시겠습니까?", "용서하겠다."
나는, 이 책이 비록 부족하지만, 걷기운동과 걷기여행을 사랑하는 모든 이들에게 진정 작은 도움이라도 되기를 소망한다. 이 세상에서 최소한 10명 이상에게 실질적인 도움을 줄 수만 있다면 나에게는 큰 기쁨과 보람이 될 것이다. 그리고 내가 이 책을 쓰게 된, 최소한의 목표는 달성하게 되는 셈이라고 믿는다.

책을 출간하기까지, 물심양면으로 도움을 주시고 성원해 주신 이성철 님, 이준호 님, 이준권 님, 김용덕 님, 김현준 님, 한군희 님, 김수길 님, 윤광회 님, 박노문 님, 김영관 님, 박선이 님, 윤양순 님을 비롯한 사랑하고 존경하는 여러분께 깊이 감사드린다.

내 유튜브 영상에 대하여 SNS를 통해 구독자의 입장에서 느낀 그대로의 진솔한 소감과 함께, 때로는 주옥같은 자작시로 답해 주고 용기와 힘을 보태준 오남수 님의 열정과 변함없는 우정도 잊을 수가 없다.

유튜브 채널인 '걸어서 코리아'의 로고를 만들어 주었을 뿐 아니라, 내 아들 찬호와 함께 인트로 영상 제작에도 큰 도움을 준, 찬호 친구 신기완 군에게도 고마운 마음을 전한다.

여행 중 '이름 없이 빛도 없이' 따뜻한 격려의 말로 힘을 북돋아준 분들도 잊지 못한다.

지금은 이 세상에 계시지 않지만, 나를 낳아주시고 길러주신, 그리운 부모님께 이 책을 바친다.

2023년 여름 광교호수공원을 바라보며 이준목

내가 나에게 보내는 편지
"구속에서 해방되어 자유를 얻다"

세상에 이런 자유가

적어도 나에게는 역사적인 2019년 1월 1일. 드디어 그동안 나를 구속했던 직장으로부터 해방되어 온전한 자유를 얻게 되는 날이야. 으아, 신난다. 나를 구속할 그 어떤 신분도, 눈치 볼 상사도, 신경 쓸 부하도 없어지는 거야. 세상 그 누구의 시선도 의식할 필요가 없어. 잠도 실컷 잘 수 있고, 가고 싶은 곳, 하고 싶은 일 맘껏 누릴 수 있어. 복장도 내가 편한 대로 아무렇게나 해도 괜찮아. 내 곁에는 사랑하는 가족과 죽마고우 친구들만 있으면 충분해.

현생의 삶, 새로운 도전의 시작

내 몸과 마음은 아직 젊어. 우리 모두는 21세기 백세인생 시대를 살아가고 있으며, 나는 지금 생의 절반(50세)을 조금(10세) 더 지나 있을 뿐이야. 내 앞에는 전과 변함없이 무한한 기회와 가능성이 기다리고 있어.

지금까지 삶은 단지 일장춘몽 같은 전생(前生)이었을 뿐이고, 드디어 새로운 현생(現生)의 삶을 살아가는 거야. 전생에서 나와 가족을 위해 어느 정도 헌신했으니, 현생에서는 다른 이들을 생각하는 삶도 살아보고 싶어. 누구든 나에게 내가 전생에 어떤 사람이었으며 무엇을 했는지 묻지 않았으면 좋겠어. 원래 전생이란 깊은 최면에 빠져들지 않으면 알 수 없는 거라서, 최면 몰입이 도무지 어려운 나로서는 여간해서 알 수 없는 영역이기 때문이야. 전생은 전생일 뿐, 현생을 살아가는 나는 알 필요도 없고 설사 안다고 해도 거의 도움이 되지 않는 거라고 생각해.

'즐거운 걷기'와 함께

현생의 삶에서는 무엇보다도 내가 좋아하는 걷기를 맘대로 할 수 있다는 게 뛸 듯이 기뻐. 어떤 이들은 걷기가 노동이나 고행처럼 힘들고 어려운 것이라 말하기도 하지만, 나는 '즐거운 놀이'라고 생각해. 걸으면 몸이 건강해지고 마음은 행복해지지. 때와 장소 관계없이 남녀노소 누구나 쉽게 할 수 있을 뿐 아니라, 보통 인간이라면 태어나서 첫돌만 지나면 다 할 수 있는 거라 특별히 따로 배울 필요도 없어. 기본적으로 신발만 있으면 되기 때문에 돈도 거의 들지 않아.

걷다 보면, 가끔은 탄성이 절로 나올 만큼 눈부시고 아름다운 멋진 자연의 모습을 마주할 때가 있는데, 나는 그때마다 '천국이 있다면 바로 이런 모습이 아닐까?' 하는 상상에 젖곤 해. 차를 운전하거나 뛸 때는 느끼기 어려운, 걷기만의 극 장점이자 매력이라고 할 수 있어. 내가 걷기를 시작할 때마다 난생처음 여자 친구 만나러 가는 숫총각처럼 가슴 설레는 이유이기도 하지.

세상을 향하여

나는 걷기가 몸과 마음을 이롭게 할 뿐 아니라 즐거운 것이라는 인식이 당연시되는 '즐거운 걷기문화'가 세상에 널리 퍼져서 더욱 건강하고 행복해지는 사람들이 많아졌으면 좋겠어. 그리고 그것을 위해 노력할 거야.

우선 남한 땅 방방곡곡을 걸어서 '즐거운 걷기'뿐 아니라 국토 사랑하는 마음도 나누고, 통일 후에는 북한 땅까지 걷고 싶어. 그 과정 중에 내가 통일을 앞당기는데 아주아주 작은 기여라도 할 수 있다면 그건 또 다른 즐거움이 되겠지. 그런 다음에 중국으로, 일본으로, 아시아로, 또 다른 대륙으로, 계속해서 세계로 나아가야겠지.

내가 언제까지 살아 있을지는 알 수 없지만 행여나 운 좋게도 내 노력이 계속 잘돼서 전도사 수준의 역할을 할 수만 있다면 더 이상 바랄 게 없겠어.

힘내라 '걸어서 코리아', '코리안 평균수명 100세'를 달성하는 그날까지… 파이팅!

2010년 가을의 길목에서 쓰다

PART 1 **전국 방방곡곡 일주 걷기여행**

PART 1

전국 방방곡곡
일주 걷기여행

그동안 수고한 나, 떠나라

- 2019년 6월 23일
- 전국걸기여행 출발 하루 전

드디어 평소 꿈꿔 왔던 버킷리스트인, 전국 방방곡곡 모든 지역을 걸어 순회하는 미션을 실행하는 날이 내일로 다가왔다. 어느덧 환갑을 지난 이 나이에 과연 잘할 수 있을지 살짝 걱정되기도 하지만, 말로만 국토 사랑이 아니라 직접 걸으며 어루만지고 숨결도 느껴보고 싶다. 미션을 실행하기 위해 나 자신과 다음 세 가지를 약속하였다.

첫째, 국토의 단순한 종단이나 횡단, 순회가 아닌, 전국 모든 광역지자체 시·도청과 기초지자체 시·군·구청을 걸어서 순회하겠다. 그리고 시·도청과 시·군·구청 앞에서 인증 샷. 매일 걷기를 마친 후에는, 스마트폰 걷기 앱의 스크린 샷으로 걷기 사실을 증명하겠다.

둘째, 오직 걷기만으로 이동하는 것을 원칙으로 하겠다. 단, 인도나 숙소, 상가가 계속해서 없는 길 등 안전이 우려되는 경우에만 대중교통을 보조적으로 이용하겠다.

셋째, '중단 없는 전국 이어걷기'를 위해 최대한 노력하겠다. 경조사나 여행비용 조달, 병원진료 등 부득이한 경우에 한해 귀가를 통한 해결 후, 다시 그 자리로 돌아가서 계속해서 진행하겠다.

1. 경기도 지역

걸 어 서 코 리 아

네가 어떤 꽃을 피울지는 아무도 모르는 거야

- 2019년 6월 24일

- 전국걷기여행 1일차(경기지역 1일차)

- 수원시(광교)→경기도청(수원)→오산시 29㎞

    오전 8시 30분 수원 자택을 나섰다. 광교호수공원을 지나고 잠시 43번 국도를 통과했다. 이어서 유네스코 세계문화유산인 수원화성 동쪽 문인 창룡문을 거쳐 성곽길을 지나갔다. 수원화성 수문인 화홍문의 동쪽 벼랑에 위치한 방화수류정을 거치고, 팔달산을 지나 경기도청에 도착했다. 정문 옆에서 내가 다녀갔다는 사실을 증명하기 위해 '인증 샷'을 촬영했다. 계속해서 매교역을 지나 수원시청에 도착하고, 시청 정문 앞에서 다시 한번 인증 샷을 찍었다.

화성시 지역에 들어서자 날씨는 점점 뜨거워진다. 바람 한 점 불지 않으니 숨이 막힐 듯하다. 준비해 온 식수도 다 떨어져 간다. 그 흔한 가게조차 오늘따라 눈에 띄지 않는다. 오산시청에 도착하여 인증 샷을 찍는데, 벽에 걸린 현수막 문구가 눈에 들어왔다. "서른, 네가 어떤 꽃을 피울지는 아무도 모르는 거야" 짧지만 멋진 글이다.

더위와의 전쟁
- 2019년 6월 25일
- 전국걷기여행 2일차(경기지역 2일차)
- 오산시→안성시 32㎞

어젯밤에는 친구들로부터 격려 전화 받느라, 서툰 영상 편집하느라, 밤 12시도 넘어 잠자리에 들었다. 어제 더위 때문에 고생한지라 일찍 출발하

려고 새벽 5시에 알람을 맞춰 놓았다. 수면시간이 부족한 것 같아 걱정이었지만, 더위에 고생하는 것보다 나을 것 같았다. 그런데 수면 중 예상치 않은 문제가 발생했다. 에어컨 냉방이 너무 강해 '켰다 껐다' 반복하다 보니 잠을 설친 것이다. 알람 소리에 눈을 떴을 때는 온몸이 '천근'이었다.

오전 6시 오산 숙소를 나섰다. 평택 진위면 고개를 지날 때부터 저조한 몸 상태가 말을 하기 시작했다. 평소라면 부담 없이 올라갔을 고갯길인데 숨이 가빠왔다. 용인 남사면 대로로 들어섰는데, 인도 공간이 제대로 확보되지 않아 위험스러웠다. 정오가 가까워지니 날씨는 더욱 뜨거워진다. 피로가 파도처럼 몰려오는 느낌이다.

북녀와의 만남
- 2019년 6월 26일
- 전국걷기여행 3일차(경기지역 3일차)
- 안성시→평택시 19㎞

아침에 눈을 떴는데, 의외로 몸이 상쾌했다. 발바닥에 생겼던 물집도 많이 나아졌다. 오전 7시 안성 숙소를 나섰다. 평택시청이 가까워졌다. 북한에서 온 여성 Y씨와 점심 약속을 하고, 식당에 들러 같이 곤드레밥 정식을 먹었다. 며칠을 혼자 먹다 같이 먹으니 더욱 맛이 좋다. 역시 사람은 혼자 지내는 것보다 다른 이들과 더불어 살 때가 더 행복한 것 같다.

예전에 탈북민들과 자주 접할 기회가 있었는데, 그들 중 상당수가 적응에 어려움을 겪는 것을 봐왔다. 그에 비해 Y씨는 모범적으로 살 석응해 결혼도 하고, 직장에서 나름 인정받으며 행복하게 살고 있다. 그럼에도 불구하고, 남녘 사람인 내가 보기에는 여전히 다른 이들에게 마음 문을 온전히 열지 못하고, 보이지 않는 경계심과 어두운 그림자도 사라지지 않았다. 목숨을 잃을 수도 있다는 극한 상황을 무릅쓰고 왔다는 것을 감안하면 당연한 결과일 수도 있겠지만, 어쩌면 그런 트라우마가 그녀에게 평생 지워지지 않을 수 있다는 불길한 생각이 들기도 한다. 분단된 조국의 슬픈 자화상이다.

스마트폰 박살 사건
- 2019년 6월 27일
- 전국걷기여행 4일차(경기지역 4일차)
- 평택시→화성시(양감면) 26㎞

오전 7시 30분 평택 숙소를 나섰다. 인천에 사는, 오토바이 동호회에서 활동하는 친구로부터 전화가 걸려왔다. '숙소로 와서 식사를 대접하겠다'는 것이다. 양감면 숙소가 가까워졌다. 잠시 후 만날 고마운 친구를 떠올리며 걷고 있는데, 갑자기 무게 중심이 기우는가 싶더니 땅바닥에 엎어졌다. 정신을 차려보니, 왼쪽 무릎이 깨져 피가 나고 스마트폰은 박살이 났다. 무릎 상처는 약만 좀 바르면 될 듯한데, 문제는 스마트폰이었다. 전화 기능을 포함해 모든 앱이 작동하지 않았다. 숙소 가까운 지점에서 넘어졌기 망정이지, 먼 곳에서 사고를 당했더라면, 친구와 연락조차 못하고 숙소도 찾지 못해 미아가 될 뻔했다.

잠시 후 숙소 앞에서 친구와 만났다. 친구의 멋진 오토바이를 타고, 서비스센터로 가서 스마트폰 수리를 맡긴 후 인근 식당에 도착했다. 식사 후 친구가 선물이라며 내미는데, '스마트폰 지갑'이었다. "아니, 이 친구가 무슨 점쟁이도 아니고, 내가 넘어질 것을 어떻게 알고 도와주러 인천에서부터 이곳 화성까지 달려왔나….."

산딸기 잔치
- 2019년 6월 28일
- 전국걷기여행 5일차(경기지역 5일차)
- 화성시(양감면)→화성시(비봉면) 33㎞

오전 6시 30분 양감면 숙소를 나섰다. 빗방울이 떨어지기 시작한다. 우산을 꺼내 펼치다가, 나도 모르게 김빠지는 신음소리를 내고 말았다.

"헐…." 처음 사용하는 새 우산 손잡이가 맥없이 떨어져 나간 것이다. 하지만 아쉬운 대로 쓸 수밖에 없다. 요즘은 우산을 국내에서 거의 생산하지 않고 저렴한 외국산을 수입해 쓴다는 이야기를 들은 것이 생각난다. 좀 비싸더라도 품질 우수한 국산도 나왔으면 좋겠다.

길가에 빨갛게 익은 '산딸기'가 군집한 광경이 눈앞에 펼쳐졌다. 잠시 나이를 잊고 '어릴 적 나'로 돌아가, 정신없이 따 먹었다. 배가 고팠던 탓인지 예전에 느끼던 맛 그대로였다. 산딸기 잔칫집에라도 온 기분이다. 화성시청에 들러 인증 샷을 찍은 후 인근 식당에서 순댓국을 먹었는데, 내가 지금까지 먹은 순댓국 중 최고로 맛있는 순댓국이었다.

자고 나니, 아팠던 게 사라졌어
- 2019년 6월 29일
- 전국걷기여행 6일차(경기지역 6일차)
- 화성시(비봉면)→안산시→군포시 30㎞

어젯밤 자다가 배가 더부룩한 느낌에 잠을 깼다. 저녁식사 때 허겁지겁 과식했던 게 원인인 것 같다. 그제 넘어져 다친 무릎 상처 부위 통증이 좀 더 심해졌고, 좌측 손목 부위 피부도 따갑다. '무릎 상처'도 악화되었다.

손등에는 손톱자국도 보였는데, 산딸기를 따 먹다 벌레에 쏘인 부위를, 자면서 무의식중에 긁어 생긴 게 틀림없었다. 비 온다는 일기예보도 있었는데, 좋지 않은 컨디션으로 걸을 생각을 하니 걱정이 앞선다.

　　오전 9시 알람소리에 잠을 깼다. 일기예보를 보니, 다행히 저녁 6시 이후에만 비 그림이 있었다. 그런데, 더부룩한 배는 온데간데없고, 무릎 상처와 좌측 손등 손톱자국도 통증이 거의 느껴지지 않는다. 안도의 숨을 내쉬며 바로 출발했다. 안산을 거치고 수리산을 넘어, 초막골생태공원을 거쳐 군포시청에 도착했다.

한 주 지나니 몸이 적응되는 듯
- 2019년 6월 30일
- 전국걷기여행 7일차(경기지역 7일차)
- 군포시→의왕시→과천시→안양시 25㎞

　　오전 9시 30분 군포 숙소를 나섰다. 한 주 지나니, 몸과 마음이 조금은 적응되어 가는 듯하다. 처음에는 잠자리가 달라져 잠을 설치기도 했지만, 이젠 어느 숙소나 내 집과 별반 다르지 않게 느껴진다. 하루 30㎞를 넘게 걸어도 근육 통증이 없고, 발의 물집도 처음과는 비교할 수 없을 정도로 나아졌다. 머릿속에 쌓였던, 아름답지 못한 느낌이나 감정 등 불순물들이, 서서히 희석되며 정화되고 있다는 느낌도 든다. 단 한 가지, 아직 어렵고 고민되는 것은 매일 아침 출발시각이다. 더위를 생각하면 새벽부터 걸어 일찍 도착해서 쉬면 좋은데, 숙소마다 입실 가능한 시각이 오후 1~9시로 다양해 내가 택할 수는 없다.

어느덧 의왕시청과 과천시청을 경유했다. 이어서 안양시청을 거치고 숙소에 도착하니 오후 7시였다. 영상 작업을 힘들게 마친 후 새벽 1시 가까워서야 잠자리에 들었다.

발바닥이 고생이야

- 2019년 7월 1일
- 전국걷기여행 8일차(경기지역 8일차)
- 안양시→시흥시→광명시 32㎞

나는 '발바닥에 물집이 얼마나 생기는지' 여부는 타고나는 것이라고 생각한다. 10㎞만 걸어도 물집이 생겨 고생하는 사람이 있지만, 100㎞를 걸었지만 멀쩡한 사람도 있다. 걷기에 적합한 발바닥을 가지고 태어난, '복 받은' 사람이다.

내 경우에는 ①엄지발가락과 둘째발가락 사이 발바닥, ②둘째발가락 발톱, ③새끼발가락 바닥 등 세 부위가 '물집 단골손님' 격이다. 그리고 이번 걷기여행에서는 ②둘째발가락 발톱은 신발을 바꿔 신어서 그런지 아직까지는 별 문제가 없고, ③새끼발가락 바닥은 처음 3일간 물집이 생겼다가 그 후 납작해져서 거의 적응된 듯한데, ①엄지발가락과 둘째발가락 사이 발바닥만은 날이 갈수록 악화되는 것 같다.

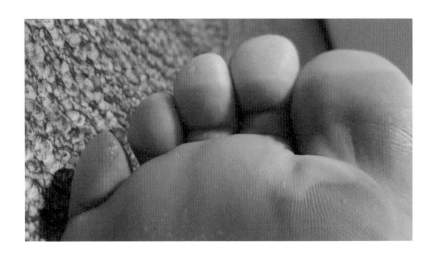

어젯밤 취침 중 화장실에 가려고 일어났는데, 우측발바닥의 엄지발가락과 둘째발가락 사이에 통증이 느껴졌다. 처음에는 물집이 지속된 부분이라 그러려니 했는데 느낌이 좋지 않았다. 통증이 우측 발 전체로 우리하게 퍼지는 것이, 아무래도 염증으로 악화된 듯했다. '일단 귀가해서 치료 후 다시 올까… 에라 모르겠다, 일단 자고 나서 생각하자.' 아침 알람 소리에 눈을 뜨자마자 우측발 통증 상태를 느껴보았는데, 신기하게 다른 날과 별반 다르지 않았다. '귀신 장난도 아니고 이게 뭐지?' 몸이 무리하나 보니 번억체계가 혼란을 일으긴 닷으로 돌리기로 했나.

오전 9시 30분 안양 숙소를 나섰다. 누적거리 20㎞를 넘어설 즈음, 물집단골 손님 '엄지발가락과 둘째발가락 사이 발바닥'이 탈이 났다. 출발할 때는 걸을 만했는데 물집이 점점 커지고 있었다. 25㎞를 넘어서며 어느 순간 갑자기 통증이 약해졌다. 배낭을 내려놓고 길가에 앉아 양말을 벗어 확인해 보니, 터져서 납작해진 물집이 눈에 띄었다.

어머니와 복숭아
- 2019년 7월 2일
- 전국걷기여행 9일차(경기지역 9일차)
- 광명시→부천시 22㎞

오전 10시 광명 숙소를 나섰다. 어제 친구 모친께서 돌아가셨다는 연락이 왔다. 빈소는 인천계양구의 장례식장이다. 연세가 87세라고 했는데, 작년에 돌아가신 내 어머니와 같은 연배이시다. 고민이 생겼다. '내가 꼭 조문을 다녀와야 하는 특별한 친구이니, 집에 가 복장을 갖추고 조문을 해야 하나…' 격식보다는 마음이 중요하니, 그대로 다녀가기로 했다.

부천은 내가 처음 직장생활을 시작한 곳이다. 사람은 누구나 '처음'이라는 단어와 연관된 기억은 특별한 추억으로 간직하며 살아간다. '첫 만남', '첫인상', '첫사랑' 등이 그렇다. 이곳을 방문할 때마다 고향에 온 듯한 포근함을 느낀다. 젊은 시절 동료들과 밤늦게까지 부천 시내를 몰려다니면서 인생을 논하던 추억을 떠올리며 미소 짓기도 한다.

이곳은 예전에 복숭아가 유명했다. 가을 수확 때 어머니가 이곳 '소사'

에서 복숭아를 한 광주리 사서 똬리 올린 머리에 이고 오시면, 온 가족이 한동안 복숭아를 실컷 먹었던 기억이 떠오른다.

절친 남수 형이, 전국걷기여행 중인 나를 위해 시를 지어 보내왔다.

무제

오남수

오늘도 말없는 침묵의 30㎞
그 길에 난 새로운 대화를 하려는가.
나에게 묻고 답한다.
하늘에
바람에
들꽃에
나는 시선이 간다.
전에 이런 대화는 없었다.

오늘도 나에게 답한다.
대단했다.
오늘도 허공에 외친다.
너 아믐납나고….

어제는 숙소가 내 여동생 집이었기 때문에 편히 쉬었다. 오전 9시 길을 나섰다. 김포시청을 경유한 후, 존경하는 집안어른인 S아저씨가 생선초밥을 사주셔서 맛있게 먹었다. 김포는 내 5대조 할아버지께서, 이백여 년 전 본관인 황해도 수안으로부터 이주해서 뿌리를 내리고, 그 후손들이 살아오고 있는 곳이다. '수구초심(首丘初心)'이란 말이 있다. 여우는 죽을 때 구릉을 향해 머리를 두고 초심으로 돌아간다.

우리 가족들은 아버지 대부터 김포에서 인천으로 이주해 살고 있긴 하

지만, 누가 뭐래도 김포는 나에게, 떠나서 더 그립고 영원한 '마음의 고향'으로 자리 잡고 있다. 우리 김포 종친들에게는 '별'이라고 불리는 두 분이 있다. 종친들이 화합하고 단합할 수 있도록 종친회의 기틀을 만들어 주신 분들이시다. 한 분은 슬프게도 얼마 전 노환으로 세상을 떠나셨다. 그리고 다른 한 분이 바로 S아저씨다.

주인이 원한다면
- 2019년 7월 4일
- 전국걷기여행 11일차(경기지역 11일차)
- 고양시→파주시 35㎞

어제 저녁에는 옛 직장동료였던 친구가 돼지삼겹살 철판구이를 사줘서 잘 먹었다. 나는 삼겹살을 정말 좋아한다. 안중근 의사께서는 "하루라도 책을 읽지 않으면 입에 가시가 돋는다"고 하셨다지만, 나는 3~4일은 몰라도 7일 이상 삼겹살을 안 먹으면 입에 가시가 돋는 느낌이 들 정도다.

파주시는 남북분단의 상징인 판문점이 있는 곳이다 보니, 이곳에 올 때마다 '통일'에 대해 생각해 보곤 한다. 어떤 일을 처리할 때 그 방식을 정하기 어려운 경우, 처리를 필요로 하는 사람 즉 수요자가 무엇을 원하는지 생각해 보면 답이 쉽게 나오는 경우가 많다. 통일도 마찬가지라고 생각한다. 남과 북, 각각의 국명은 국민이 주인인 '대한민국', 인민이 주인인 '조선민주주의인민공화국'이다. 통일의 수요자는 '국민'이고 '인민'인 것이다. 남과 북의 정치인들이, 자기가 소속된 집단의 이익만을 추구하는 것이 아니라, 대승적 결단을 통해 국민(인민)이 원하고 국민(인민)에게 도움되는 방법으로, 늦어도 수년 내 어느 날 통일을 이루기를 기대해 본다.

뜨거운 그날의 외침
- 2019년 7월 5일
- 전국걷기여행 12일차(경기지역 12일차)
- 파주시→양주시→의정부시 27㎞

어제 광탄면 숙소는 노부부가 직접 운영하는 모텔이었는데, 시설도 깨끗하고 편리했지만 특히 친절해서 좋았다. "탈수만이라도 해줄 수 있는지." 문의했더니, "탈수는 물론 세탁도 해줄 수 있으니 빨랫감 모두 가져오라"고 했다. 탈수를 마치고, 고맙다는 말을 전하러 안내 프런트에 들렀다. 할아버지 사장님은 "어디에서부터 걸었는지, 며칠 째인지." 자세히 물어보셨다. 그리고 "젊었을 때부터 못하는 운동이 없고, 지금도 등산하면 젊은 사람들이 따라오지 못한다."며 자랑했다. 살짝 아쉬운 점은, 방으로 돌아가야 하는데 나에게 말할 틈을 주지 않는 바람에 30분도 훨씬 지나서야 갈 수 있었다는 것이었다. 하지만 마침 탈수서비스에 빚이라도 진 듯한 느낌이 들던 차라 무용담을 듣는 것으로 상쇄해 드렸다.

오전 8시 길을 나섰다. 양주시청을 경유한 후, 편의점 앞에 걸어놓은 플래카드 문구가 눈에 들어왔다. "뜨거운 그날의 외침, 고맙습니다.", "뭐야 나보고 하는 말이잖아." 사실 음료수 광고 같았지만, 누군가 나를 위해 환영문을 걸어 놓은 것으로 생각하기로 했다.

아가페 우정

- 2019년 7월 6일
- 전국걷기여행 13일차(경기지역 13일차)
- 의정부시→동두천시 30㎞

　오전 9시 30분 의정부 숙소를 나섰다. 오늘은 행복한 설렘으로 발걸음이 가볍다. 동두천에서 특별한 분들과 만남이 약속되어 있기 때문이다. 21세기가 시작되던 2001년부터 3년간 동두천에서 직장생활을 할 기회가 있었는데, 당시 인연을 맺었던 사람들이다. 그들은 내가 동두천을 떠난지 15년이나 지났으며, 그 후 어떤 도움도 드릴 수 없는 상황임에도 불구하고, 변함없는 우정을 이어왔다. 그 우정을 사랑에 비유하자면, 이기적인 '에로스(Eros)'보다는 조건이 필요 없는 '아가페(Agape)'에 좀 더 가까운 관계였던 것 같다. 동두천 숙소에 도착하니 오후 0시였다. 이어서 약속한 분들과 만나 소요산 관광지 등 추억 어린 곳을 둘러본 후 즐거운 식사시간을 가졌다.

때론 형제끼리만의 영역도 필요해

- 2019년 7월 7일

- 전국걷기여행 14일차(경기지역 14일차)

- 동두천시→연천군 34㎞

어제 즐거운 저녁시간을 보내고 숙소로 돌아오니 밤 10시였다. 세탁과 짐 정리, 영상편집까지 마치고 나니 새벽 4시 가까워서야 잠자리에 들었다. 하지만 피곤하다는 생각은 전혀 들지 않았다. 사람은 자기가 좋아서 하는 일에는 특별한 에너지가 생기는 것 같다.

오전 9시 동두천 숙소를 나섰다. 내일 목적지는 포천인데, 크게 멀지는 않지만 산길을 넘어야 한다. 오늘 포천 가는 방향으로 좀 더 걸어두어야 편안할 것 같다. 그러려면 연천 청산면이나 포천 창수면 부근에 숙소를 잡아야 하는데, 숙박시설이 검색되지 않았다. 고민 끝에 연천읍까지 갔다가 되돌아와 전곡에서 묵기로 했다.

연천읍을 걷는데, 낯익은 '24시 찜질방' 건물이 눈에 들어왔다. 몇 년 전 둘째 여동생이 이곳에 땅을 사 놓고 관리 차 가끔 다녔는데, 시설 좋은 찜질방을 발견한 후 우리 형제들은 매년 연말이면 이곳에서 1박 2일 모임을 가지고 있다. 가족 행사에는 배우자가 포함되는 것이 보통이지만 우리는 배우자를 제외한 모임을 이어오고 있는데, 매우 잘하고 있다는 생각이 든다. 형제간 위해 주는 마음이 더욱 깊어지고, 동심으로 돌아가서 힐링을 얻기도 한다.

갑자기 일어설 수가 없어
- 2019년 7월 8일
- 전국걷기여행 15일차(경기지역 15일차)
- 연천군→포천시 37㎞

오전 7시 전곡 숙소를 나섰다. 포천시청을 지나 한식뷔페에 들렀다. 친절한 여사장님은 특별히 누룽지 밥도 가져다주고 커피도 타주었다. 식사후 식비를 계산하려는데 난감한 상황이 생겼다. 돈을 받지 않겠다는 것이다. 대신 전국걷기여행에 '파이팅'만 하라고 했다. 결국 호의를 받아들이며, "걷기여행 끝나면 친구들과 다시 와 많이 팔아드리겠다."고 약속했다. 그런데 다음 순간 문제가 발생했다. 우측 엉덩이에 뜨끔한 통증이 느껴지더니 일어서기조차 어려웠던 것이다. 결국 택시를 불러 가까운 병원으로 갔다. 숙소에 도착하니 오후 6시였다. 병원에 가기 전보다는 나은 것 같은데 통증은 여전했다. "일단 자고, 내일 일은 내일 생각하자." 지난번 무릎 상처와 발바닥 물집이 하룻밤 자고 나니 나았듯, 부디 내일 아침에도 그랬으면 좋겠다.

치유의 기
- 2019년 7월 9일
- 전국걷기여행 16일차(경기지역 16일차)
- 포천시→구리시 37㎞

오전 8시 벨소리에 잠을 깼다. 동두천 우정멤버 중 한 친구가, 내가 걱정이 되어 전화한 것이다. 친구는 마치 자기가 초능력자이기라도 한 듯 "치유의 기(氣)를 불어넣어 주겠노라"고 약속했고, 나도 "기꺼이 받겠다"며 통화를 마쳤다. 그런데 갑자기 신기한 일이 일어났다. 거의 아프지 않았던 것이다. 병원에 다녀온 덕분인지, 친구가 불어넣어 준 '기' 때문인지는 알 수 없었지만, 어쨌든 내 몸 상태가 좋아졌다는 것은 분명했다.

오전 9시 30분 송우리 숙소를 나섰다. 나는 혹시라도 우측엉덩이 통증이 재발할까 염려되어, 조심조심 발걸음을 옮겼다. 어느덧 구리시청을 거치고, 오후 6시 숙소에 무사히 도착했다.

걷기 좋은 최상의 장소 '수변길'

- 2019년 7월 10일

- 전국걷기여행 17일차(경기지역 17일차)

- 구리시→하남시→남양주시 38㎞

　　오전 7시 구리시 숙소를 나섰다. 모처럼 한강을 넘나들며 시원한 강바람과 마주한다고 생각하니 즐겁다. 한강을 기준으로 구리시와 남양주시는 이북, 하남시는 이남에 있기 때문이다. 내가 평소 걷기를 즐기다 보니, '걷기 좋은 길' 질문을 받을 때가 있다. 그럴 때마다 나는 망설임 없이 '수변길'이라고 말해 준다. 개울가, 호숫가, 강가, 바닷가 등 물 옆에 있는 길이다. 우리말에 자연경관 좋은 곳을 뜻하는 대표적인 표현이 '산 좋고 물 좋은 곳'인 것만 봐도, '물'이야말로 쾌적한 곳이 되기 위한 필수조건임을 알 수 있다.

　　오후 1시를 넘어서고 남양수에 노작할 스음, 비가 한두 망울 떨어시나 싶더니 세찬 비바람으로 변했다. 내일은 하루 종일 비가 내린다는 예보가 있으니 단단히 대비해야 할 것 같다.

세상에 이런 멋진 보행자도로가

- 2019년 7월 11일
- 전국걷기여행 18일차(경기지역 18일차)
- 남양주시→가평군(청평면) 34㎞

오전 9시에 눈을 떴는데, 밤새 내린 비가 그쳐 있었다. 일기예보는 12시까지만 비 그림이 있다. 바로 짐을 챙겨 남양주 숙소를 나섰다.

앞에 산이 가로막혀 있고 터널이 보이는데, 스마트폰 지도 앱은 "옆으로 돌아가라"고 안내한다. '산을 넘어가라는 건가' 하는 의구심을 가지고 지도 앱이 안내하는 대로 움직였는데, 뜻밖에 '자전거와 보행자 전용도

로'를 겸하는 터널이 나타났다. 600m도 넘을 정도로 길었고, "터널 안이 어두우니 선글라스를 벗으라"는 안내방송도 나왔다. 곳곳에 환한 조명과 CCTV도 설치되어 있고, 자전거도로와 보행자도로가 구분되어 있었다. 내가 전국의 온갖 길을 꽤 다녔다고 자부하는 사람인데 오늘처럼 멋진 전용도로는 보지 못했던 것 같다. 멋진 도로는 북한강변까지 이어졌다.

숙소 예약이 잘못됐어
- 2019년 7월 12일
- 전국걷기여행 19일차(경기지역 19일차)
- 가평군(청평면)→가평읍→가평군(청평면) 33㎞

오전 7시 상천리 숙소를 나섰다. 걷다가 지도 앱이 "옆으로 내려가 걸으라"고 안내한다. 내려가 보니, 어제 이어 다시 멋진 보행자(자전거) 전용도로가 나타났다. 아침부터 숙소 예약을 확인하기 위해 세 번이나 전화했지만, 신호만 가고 받지 않았다. 오전 12시가 넘자 불길한 생각이 들었다. 포털사이트로 숙소를 검색해 보았는데, 뜻밖에 다른 전화번호가 있었다. 전화를 걸었는데 황당한 대답이 들려왔다. '예약자 명단에 내 이름이 없다'는 것이다. 순간 '아차' 하며 떠오르는 게 있었다. 어제 숙소를 예약하면서 보니, 청평면에 같은 이름의 모텔 두 개가, 청평리와 삼회리에 각각 있었다. 삼회리로 예약한다는 것을, 착각하여 청평리로 예약한 것이다. 청평리는 다 와 가지만, 삼회리는 더 가야 한다. 삼회리까지 가서 잘못된 것을 알았다면 12㎞나 되돌아 올 수밖에 없었을 것이다. '불행 중 다행'이었다.

1박 2일간 철원에서 열린 죽마고우 모임을 마치고, 청평 숙소로 돌아왔다. 우리는 인천 계양구의 한 동네에서 살았고 같은 초등학교를 다닌 동기동창생들로, 6·25 전쟁 직후인 1958년 무렵 태어났다. 지금은 예전과 비교할 수 없을 만큼 도시화 되었고 많은 사람들이 살고 있지만, 당시는 1백여 가구도 채 안 되는 작은 시골마을이었다. 우리 동기동창생은 총 25명으로 남자 13명, 여자 12명이었는데, 지금으로선 상상조차 어렵게 자그마치 4집마다 1명씩 있는 셈이었다. 그중 2명은 슬프게도 먼저 세상을 떠났고, 이번 모임에 남자 5명과 여자 3명 총 8명이 참석했다.

우리 동기들은 스스로를 '푸른메아리'라고 불렀다. 중학교 2학년 때는 트로피를 제작해 '푸른메아리배 쟁탈 동기별 축구대회'를 주최하기도 했다. 아이들이 큰형뻘 동기들까지 다 불러 놓고 버젓한 대회를 주최하였다는 게 다소 맹랑하기는 했지만, 한편 대견스럽고 자랑스럽기도 하다.

푸른메아리 죽마고우들은, 고맙게도 전국걷기여행 성공 기원 플래카드를 만들고 함께 촬영하는 '서프라이즈 이벤트'를 해 주었다. "우리가 '100세' 되는 해의 어느 날, 모두 건강한 모습으로 다시 만나자."

국화꽃 아름다운 '국수리'
 - 2019년 7월 15일
 - 전국걷기여행 20일차(경기지역 20일차)
 - 가평군(청평면)→양평군(양서면) 46㎞

오전 7시 청평리 숙소를 나섰다. 청평발전소 옆을 지나는데, 돌아가신 누님이 생각난다. 내가 청평발전소를 제일 처음 안 것은 일곱 살 때였다. 당시 누님은 초등학교 5학년이었는데, 청평발전소로 수학여행을 다녀왔다고 자랑했었다.

국수리 숙소에 도착하니, 소나기가 쏟아지기 시작했다. 조금만 늦게 걸었어도 비 맞으며 고생할 뻔했다. 동네 이름 국수리(菊秀里)는 '국화꽃이 아름다운 동네'라는 뜻이다. 먹는 '국수'가 연상되기 쉬운 어감과 달리 예쁜 이름이다. '국수○○'라는 상호가 유난히 많이 눈에 띈다. '국수농협마트'에서 우산을 새로 샀다. 하나 가지고 있기는 한데 손잡이가 떨어져 불편했었나. '국수세탁수선' 가게에서 상갑을 수선했다. 손복 부분 실밥이 풀려 거의 떨어져 나갈 지경이 되어 있었기 때문이다. '국수순두부' 식당에서 식사를 하고, '국수역' 대합실에서 쉬다가 입실시각에 맞춰 숙소에 입실했다.

걷기여행의 천국

- 2019년 7월 16일

- 전국걷기여행 21일차(경기지역 21일차)

- 양평군(양서면)→양평읍 16㎞

모처럼 여유 시간을 할애하여 오후 1시 느긋하게 양서면 숙소를 나섰다. 요즘 일기예보가 잘 맞지 않는다. 집 떠나온 지 20일이 지났다. 그간 세 번이나 하루 종일 비 온다는 예보가 있어 단단히 준비했지만, 비다운 비가 내린 적은 한 번도 없었다.

이번 걷기여행을 하며 새롭게 느끼는 점은, 한강 주변에 자전거 길이 정말 잘 만들어져 있지만, 보행자는 제대로 대우받지 못한다는 것이다. 현재 전체 자전거 전용도로의 50% 정도, 즉 전용터널 등 공간적 여유가 있는 구간에서는, 도로를 삼분해서 하나는 '보행자로', 둘은 '자전거로'로 사용되고 있다. 터널 안에는 보행자로가 따로 그려 있는 경우가 많은데, 터널 진출입구 전후에는 보행자로가 없다는 것을 어떻게 이해해야 할까. 보행자가 날개가 있는 것도 아니니 어찌 가라는 건지 알 수 없다. '보행자로 없는 자전거로에서 충돌사고라도 발생한다면, 자전거로이니 자전거에 우선권이 있는 건가, 아니면 그래도 사람이 보호받아야 하는 걸까…'

어제 국수리로 향해 걷던 중 자전거 전용도로가 끝나는 부분에 '자전거 및 보행자 전용도로가 끝나는 부분입니다.'라고 쓴 안내간판이 있었다. 보행자로는 없지만, 실제로는 자전거와 보행자가 같이 이용하는 도로였던 것이다. 양평읍에 진입할 즈음 '자전거여행의 천국, 양평'이라는 커다란 간판이 눈에 들어왔다. 나는 이 문구보다는, '걷기여행과 자전거여행의 천국' 문구가 전국적으로 받아들여지는 날이 오기를 바란다.

신비의 명약

- 2019년 7월 17일
- 전국걷기여행 22일차(경기지역 22일차)
- 양평군(양평읍)→여주시 34㎞

오전 7시 양평읍 숙소를 나섰다. 떠난 지 한 달이 가까워지니, 몸이 적응단계를 지나 '최적화'되어가고 있다는 느낌이 든다. 보통 하루 30㎞가량을 걷지만, 어쩌다 40㎞ 이상 걸어도 피곤하지 않다. 짐 꾸리는 것도 3분이면 충분하고, 15㎏이나 나가는 배낭도 둘러 멜 때는 무게가 느껴지지만, 막상 걷기 시작하면 한 몸이라도 된 듯 별 느낌이 없다. 발바닥 물집도 첫 주에는 제법 심했는데 서서히 나아지더니 이제는 거의 없어졌다.

며칠 전 철원에서 여성 친구들이 "별로 덥지도 않은데 왜 땀을 그렇게 많이 흘리냐"고 물었다. 바지의 엉덩이 부분이 짙은 갈색으로 변해 있어 땀을 흘린 것으로 오해한 것이었다. 걷다 보면, 엉덩이 부분의 털과 피부가 마찰을 일으켜 몹시 아플 때가 있다. 나는 이를 예방하는 신비의 명약을 발견했는데, 바로 '바세린'이다. 걷기 출발 전 엉덩이 부위에 발라주면 되는데, 살짝 묻히면 효과가 약하니 떡이 될 정도로 듬뿍 칠하는 게 좋다. 매일 떡이 될 정도로 바르다 보니, 바지에 찌들어 지워지지 않는 상태가 된 것이었다. 역시 여성들의 관찰력은 대단하다.

어머니 집 밥
- 2019년 7월 18일
- 전국걷기여행 23일차(경기지역 23일차)
- 여주시→이천시→광주시 41㎞

어제 오후 여주 숙소에 도착할 즈음 인천 친구한테서 전화가 걸려왔다. 걷기여행 중인 나를 위해 요리해 대접하겠으니 기다리라는 것이었다. 친구는 바로 도착했고, 우리는 남한강변으로 갔다. 친구는 승합차를 구입해서 캠핑카 용도로 개조했는데, TV, 노래방, 조명, 선풍기, 낚시 등 온갖 장비와 생필품을 완비하고 있었다. 밥과 찌개, 삼겹살, 제육볶음을 만들어 주었다. 매일 사 먹기만 하다가 친구가 정성스럽게 요리한 음식을 먹으니, 어머니 집 밥을 먹은 듯 힘이 났다. 친구는 나보다 두 살 연상이지만 30여 년 전 직장에서 처음 만난 후 지금까지 동료로, 친구로, 때로는 인생 선배로 우정을 이어오고 있다.

오전 7시 30분 여주시 숙소를 나섰다. 이천을 지나 고개를 넘고 곤지암으로 향하는데, 한낮이다 보니 몹시 뜨거웠다. 기온은 섭씨 31도까지 올라갔는데, 산이 길 양쪽을 가로막아 바람도 거의 불지 않고 중간에 쉴 만한 장소도 거의 없었다.

절을 두 번 해야 넘을 수 있어

- 2019년 7월 19일
- 전국걷기여행 24일차(경기지역 24일차)
- 광주시→성남시→용인시(죽전동) 47㎞

오전 7시 곤지암 숙소를 나섰다. 오전 12시 광주를 지나 성남으로 들어서는 이배재 고개를 넘을 때는 기온이 섭씨 34도까지 올라갔다. 이배재(二拜-)는 '절을 두 번하는 고개'라는 뜻으로 옛날 선비들이 과거 보러 갈 때 이 고개에 이르면 한양이 보여 임금을 향해 절하고, 부모님 계신 고향을 향해 절을 한 데서 유래된 지명이라고 한다.

성남시청에 도착할 즈음 물도 떨어지고 기진맥진한데 졸음까지 쏟아졌다. 편의점에 들러 콜라를 한 병 마시고 생수도 보충하고 나서야 어느 정도 기력을 회복했다. 분당 탄천 변을 걷는데 먹구름이 몰려왔다. 갑자기 바람이 불기 시작하니, 더위가 가시고 온몸에 힘이 솟는다.

아집을 버려
- 2019년 7월 20일
- 전국걷기여행 25일차(경기지역 25일차)
- 용인시(죽전)→용인시(삼가)→수원시(광교 자택) 35㎞

오전 9시 30분 죽전 숙소를 나섰다. 지도 앱이 내가 예상했던 길과는 다른 길로 안내한다. 죽전에서 신갈 방향으로 진행하게 되어 '당연히 차가 다니는 큰길로 안내하려니….' 생각했는데, 큰길과 나란히 이어지는 하천을 따라 자전거도로가 있었던 것이다. 내가 평소 걷기를 좋아해 집이 있는 수원과 인접한 용인 지역도 가끔 걸었는데 이 길은 몰랐다. '내 생각이 옳다.'는 아집으로 다니다 보니, 바로 옆 더 좋은 길을 간과하는 우를 범한 셈이다.

기흥구청과 강남대역을 지나, 용인시청에 도착해 인증 샷을 촬영했다. 이어서 신갈까지 같은 길로 되돌아 온 후, 삼막곡지하차도를 통해 경부고속도로를 건넜다.

수원 자택에 도착하니 오후 6시였다. 경기도 지역 걷기일정을 마무리했다. 25일 동안 1개 도청과 31개 시·군청을 경유하며 806㎞를 걸었다. 1일 평균 걷기거리는 32㎞였다.

2. 충청남도 · 세종시 · 대전시 지역

전생에 걸었던 그 길이야

- 2019년 7월 29일
- 전국걷기여행 26일차(충남·세종·대전지역 1일차)
- 수원시 자택(시외버스)→태안군→서산시 20㎞

 오전 7시 수원 자택을 나섰다. 태안행 버스가 서산을 거쳐 국도를 통과했는데, 마침 내가 오늘 걷는 코스의 역방향이었다. 인도가 없어 위험해 보였는데, 막상 태안에 도착하고 서산으로 향해 걸으며 기우였다는 것을 알게 되었다. 스마트폰 지도 앱을 따라 걸었는데, 처음 출발했을 때만 잠시 국도를 경유했을 뿐 계속해서 지방도와 시골동네 안길로 안내했다. 인도는 확보되어 있지 않았지만, 차량통행이 적어 오히려 인도가 설치된 수도권 길보다도 더 안전하게 느껴졌다. 그리고 모두 내가 태어나서 처음 방문한 곳이었지만, 신기하게도 마치 전생에 걸었던 길이기라도 한 것처럼 반갑고 친근하게 느껴졌다.

조난당할 뻔했어

- 2019년 7월 30일
- 전국걷기여행 27일차(충남·세종·대전지역 2일차)
- 서산시→충남도청(홍성군)→홍성군(홍성군청) 45㎞

 오전 7시 서산 숙소를 나섰다. 지도 앱에 '걷기' 대신 '자전거'로 설정했나. 국노 쪽으로 안내했는네, 걷기 이용사늘 위안 선용상산노 따도 확보되어 있을 뿐 아니라 경치도 좋아, 자전거로 설정하길 잘했다고 생각했다. 하지만 달콤한 느낌은 오래가지 못했다. 누적거리 5㎞를 넘어서자 보행자 공간은 사라지고 자동차 전용도로처럼 변해 버렸다. 결국 도로 좌측으로 건너가 다가오는 차량들을 마주보고, 긴장하며 걸을 수밖에 없게 되었다.

누적거리 25㎞를 지날 즈음 사고(?)를 치고 말았다. '자전거'를 '걷기'로 전환했는데, 지도 앱이 산길로 안내한 것이다. 갑자기 길이 사라졌다. 수풀을 헤치며 10여 분간 급경사를 올라갔지만, 길은 보이지 않았다. 한 노인에게 물어보니, "길이 바로 위에는 없지만, 조금 더 올라가면 나온다"고 했다. 다시 가시덤불을 헤치며 길을 찾기 시작했다. 30여 분을 헤매고 나서 어렵게 찾아냈다. 그런데 잠시 후 또 없어졌다. 결국 그 후에도 '길을 찾았다, 잃었다'를 세 차례나 더 반복해야 했다. '물도 다 떨어져 가는데 조난이라도 당하면 어떻게 해야 하지?' 고민하기도 했다. 산속에서 헤매다 보니, 숙소에 도착했을 때는 오후 7시나 되었다.

몸이 천근이야

- 2019년 7월 31일
- 전국걷기여행 28일차(충남·세종·대전지역 3일차)
- 홍성군(홍성읍)→청양군 30㎞

어제 숙소에서 영상 작업을 하는데, 좌측 손가락에 힘이 들어가는가 싶더니, 마치 빈 호스에 물이 들어가면 뻗치듯 경련이 일어났다. 나중에는 우측 손가락과 좌측 허벅지 근육까지 전이되어, 영상 작업 내내 주물러야 했다. 하루 종일 몸이 많이 무리했던 게 분명했다.

오전 8시 10분 홍성군 숙소를 나섰다. 누적거리 5㎞를 지날 때쯤 우측 발바닥 안쪽 근육이 아파오는가 싶더니, 10㎞를 지난 후 통증이 심해져 10분마다 쉬었다 가기를 반복해야 했다. '몸이 천근'이라는 말이 실감난다. '청양군 비봉면' 도로 표지판이 보인다. 그리고 얼마 더 가다 보니 '29번 국도이고, 직진하면 부여·청양, 우회전하면 비봉'이란 표지판이 나왔다. 다시 조금 후에는 '좌회전하면 비봉'이라는 표지판이 다시 나오고, 이어서 또다시 '좌회전하면 비봉'이라는 표지판이 나왔다. '세 번씩이나 그냥 비봉이라고 안내하는 것보다는, 서비봉, 동비봉, 남비봉 등으로 구분해서 표기하는 것은 어땠을까?' 하는 생각이 들었다.

- 2019년 8월 1일
- 전국걷기여행 29일차(충남·세종·대전지역 4일차)
- 청양군→보령시(명천동) 30㎞

오전 8시 청양 숙소를 나섰다. 누적거리 7㎞가 되었을 때 청양–보령 도로 공사구간이 나왔는데, 차량통행을 제한하고 있어 횡재라도 만난 듯 반가웠다. 지나는 공사구간이 3㎞밖에 되지 않아서 아쉽기는 했지만, 마치 도로를 전세라도 낸 듯 40여 분 동안 콧노래 부르며 활보했다.

보령시청을 경유하고 인근 식당을 찾았다. 백반을 주문했는데, 밥그릇이 수북하고 반찬은 순두부찌개 포함 10가지나 되었다. 배부르게 먹었는데도 여 사장님은 밥과 반찬을 더 주겠다고 해서 극구 사양해야 했다. 음식가격도 착한 7천 원이었다. 대중가요 '충청도 아줌마' 가사가 생각난다. "와도 그만 가도 그만 방랑의 길은 먼데, 충청도 아줌마가 한사코 길을 막네…."

세상만사 생각하기 나름

- 2019년 8월 2일
- 전국걷기여행 30일차(충남·세종·대전지역 5일차)
- 보령시(명천동)→보령시(무창포) 23㎞

오전 10시 명천동 숙소를 나섰다. 날씨가 뜨겁고 땀이 비 오듯 흐른다.

누적거리 15㎞ 지날 때는 출발할 때 가볍던 발걸음은 온데간데없고 힘들기만 했다. 사람 심리라는 것이 참 묘하다. 4년 전 인터넷카페 동아리 친구들과 한강변 100㎞를 걸은 적이 있었는데, 50㎞는 별 생각 없이 걸었고 85㎞까지는 힘냈으며, 최종목표지점까지 인내하며 걸었던 것이 생각난다. 50㎞를 쉽게 걸을 수 있는 사람이 경우에 따라서는 그보다 훨씬 가까운 30㎞ 또는 15㎞를 힘겨워 할 수도 있는 것이다. '세상만사 생각하기 나름'이다.

어느덧 무창포에 도착했다. 식당으로 가서 단백질을 보충하기 위해 내장탕을 주문했다. 반찬까지 남김없이 깨끗이 먹은 후 오후 4시 숙소에 입실하였다.

어제 숙소에서 영상 작업을 하려는데, 와이파이가 뜨지 않았다. 프런트에 문의하니, "객실에는 와이파이가 없고, 모텔에서 직영하는 1층 카페로 가서 이용해야 한다"고 했다. 갑자기 "스마트폰을 와이파이 공유기처럼 사용할 수 있다"고 들은 게 생각났다. 그리고 인터넷에 방법을 검색했는데, 문제 해결까지 오래가지 않았다. 15분도 지나기 전에 해결해 버린 것이다. 아들한테 "아빠가 그 어려운 걸 혼자 해결했다"고 자랑스럽게 문자를 보냈다.

오전 6시 무창포 숙소를 나섰다. 붉게 떠오르는 해가 장관이다. 어느 집 앞 커다란 돌에 '황교초 벗들의 쉼터, 붕대재(朋待齋)'라고 새겨놓은 게 보였다. '황교초교 벗들을 기다리는 집'이란 뜻인 듯했다. 또 얼마 걷다 보니 '송양 윤세명 자택 입구'란 글을 새긴 표석도 눈에 띤다. 집주인들의 풍류가 느껴진다. 인천 사는 친구가 보내준 대중가요 '무창포'를 들으며 시골길을 걸었다.

내 당초계획은 서천에서 부여로 직접 가는 것이었는데, 어젯밤 다시 점검해 보니 문제가 있었다. 최단거리는 38㎞이고 편안한 길은 68㎞였다. 68㎞는 하루에 걷기에는 지나치게 먼 거리이고, 38㎞도 시골길이라 실제 걷다 보면 50㎞ 가까이 될 수 있다. 무엇보다 부담스러운 것은 더위였다. 결국 중간에 위치한 부여군 홍산면에서 묵어 가기로 했다.

계속되는 뙤약볕 길에서 걷고 있는데, 멀리 터널 같은 공간이 보였다. 생태계 연결을 위한 다리인 '에코브리지'였다. 마지 사막에서 오아시스라도 만난 듯 환호하며, 에코브리지 그늘에 배낭을 풀고 꿀맛 같은 휴식을 취했다. 숙소 입실까지는 4시간이나 남아 있다. 마침 정자 하나가 나타났다. 깨끗이 청소되어 있고, '신발을 벗고 올라가라'는 안내문도 있었다. 정자 이름도 예쁜 '옥초정(玉初亭)'이었다. 세 시간이나 낮잠을 즐겼다. 생각해 보니, 1박 이상 가치가 있는 꿀맛 같은 휴식이었다. 난생처음 '1박 1일' 여행이었던 셈이다.

호텔보다 좋은 여관 있었네

- 2019년 8월 5일
- 전국걷기여행 33일차(충남·세종·대전지역 8일차)
- 부여군 19㎞(홍산면→군청→터미널)
- 예산군 10㎞(터미널→군청)

어제 부여 홍산면 숙소는 '여관'이었는데, 젊은 부부가 직접 운영하고 있었다. 인테리어가 비싸 보이지는 않았지만 예술작품들을 보는 듯했다. 객실에 들어가니 하나같이 예쁘게 정돈되고 청결했다. 빨래 탈수를 부탁했더니, 시간이 좀 걸리니 괜찮으면 밤늦게라도 가져다주겠다고 했다. 몇 시간 후 부탁한 빨래를 가져왔는데, 빨래가 새 옷처럼 예쁘게 접혀 있고, 팬티는 비닐 팩에 넣어 있었다. '빨래가 그렇게나 예쁘게 접힐 수 있다'는 사실은 처음 알았다. 빚진 사람같이 느껴져 견딜 수가 없었다. 밖에서 커피 두 잔을 사와 모텔주인에게 건네고서야 잠자리에 들 수 있었다.

오전 7시 홍산면 숙소를 나섰다. 한적한 시골길을 걸으니 기분이 좋다.

어제 잠자리에 들기 전에 무심코 발을 살펴보니, 우측 발이 부어 있었다. 포천에서 경사진 도로를 걸은 후로 우측 발바닥 안쪽에 통증이 있었는데, 무의식중에 불편한 안쪽을 피해 바깥쪽을 이용해 걷다 보니 바깥쪽까지 전이되었다. 통증은 출발할 때마다 느껴지고 3~4㎞ 걷다 보면 나아지는데, 잠시라도 쉬었다 걸으면 또다시 나타난다.

우산은 비 올 때만 쓰라고 있는 게 아냐
- 2019년 8월 6일
- 전국걷기여행 34일차(충남·세종·대전지역 9일차)
- 예산군→당진시 46㎞

오전 6시 예산 숙소를 나섰다. 식당을 임대한다는 플래카드가 나타났다. 식당 이름이 '바보'였는데, 장사가 잘 안되어 다른 사람에게 넘기려는 듯했다. 이름이 장사에 영향을 미치지 않았을까 염려된다. 내가 어릴 적 동네에 황 씨 성 가진 사람이 있었는데, 이름이 천행 즉 '황천행'이었다. 그는 스스로 목을 매어 세상을 떠났다. 1975년 망치로 사람 머리를 내리치는 등 17명을 무참히 죽인 살인범이 있었는데, 이름이 '김대두'였다. 1982년 경남 의령 산골마을에 총성이 울리고 하룻밤 사이 자그마치 62명이나 목숨을 잃었는데, 범인은 '우범곤'이었다. 이름에 사용된 글자들이 비록 한자로는 다른 의미일 것으로 생각되기는 하지만, 어감상 '황천(黃泉, 죽은 다음에 가는 세상)', '두(頭, 머리)', '범(犯, 죄를 범함)' 등이 연상될 수도 있으며, 이랬을 직 친구들 사이에서 이름 때문에 놀림 낭했을 상황노 예상해 볼 수 있다. '말이 씨가 된다'는 말이 있다. 이름은 평생토록 삶에 영향을 미치기 때문에 교훈적이고 긍정적인 영향을 주도록 짓는 것이 필요하다.

날씨가 더욱 뜨거워지고 피곤이 몰려온다 싶더니 졸음이 쏟아진다. 졸며 걸으니, 힘이 두 배는 더 든다. 뙤약볕 극복을 위한 아이디어가 떠올랐다. 우산을 펼쳐 쓰고 걷기 시작했다. 양산 대신 쓴 것이었는데, 뜻밖에 '효과 대박'이었다.

보고 싶다, 빵 사준 친구야
- 2019년 8월 7일
- 전국걷기여행 35일차(충남·세종·대전지역 10일차)
- 당진시→아산시 37㎞

오전 9시 당진 숙소를 나섰다. 쉴 만한 장소를 찾는데, 마침 도로 밑을 지나는 지하통로가 있어 자리를 잡았다. 옆에는 외양간 거름이 쌓여있고, 벌레도 기어다니고 있었다. 하지만 모두 나와 같은 자연의 일부라고 생각하니 마음이 오히려 편안하고 꿀맛 같은 휴식을 즐길 수 있었다.

아산시 지역을 걷는데 '영인면' 안내간판이 나타났다. 젊은 시절 군에서 훈련 받을 때, 단짝 동기가 있었는데, 그 친구 고향이 영인면이었다. 휴식 시간에는 PX를 이용하도록 했는데, 서로 빵을 사려고 아귀다툼 수준 쟁탈전이 벌어지곤 했다. 늘 배가 고팠지만 평소 그런 상황에 익숙하지 않아 머뭇거리곤 했는데, 그럴 때마다 그 친구가 내 대신 용감히 뛰어들어 빵을 사다주곤 했다. 그 친구를 찾으려고 한다면 찾겠지만 찾지 않기로 했다. 추억은 마음속에 간직할 때 비로소 그 가치를 다할 수 있다고 믿기 때문이다.

무더위에는 '지나가는 소나기'가 직방
- 2019년 8월 8일
- 전국걷기여행 36일차(충남·세종·대전지역 11일차)
- 아산시→천안시 21㎞

오전 9시 아산 숙소를 나섰다. 걷기여행은 잘 걷는 것이 중요하지만, 경우에 따라서는 숙소 문제도 그에 못지않다. 길바닥에서 잘 수는 없기 때문에 숙소가 있는 곳까지는 무조건 걸어야만 하고, 거리나 시간에 여유가 있는 날이라도 더 걸을 수 없는 상황이 발생하기도 한다.

오늘도 얼마 걷지 않았는데 땀이 비 오듯 흐른다. 잠이 부족한 것까지 겹쳐 졸음도 쏟아진다. 비가 한두 방울 떨어지나 싶더니, 소나기로 변해 퍼붓는다. 한 시간가량 지나니 개이고, 거짓말처럼 시원해졌다.

어제 영상편집을 하려는데 와이파이가 뜨지 않았다. 프런트에 전화했더니 "고치는 사람을 불러주겠으니 기다리라"고 했다. 그러나 두 시간 지나도록 오지 않았다. 옆방으로 짐을 옮기고 나서야 영상 작업을 할 수 있었는데, 오후 11시가 가까워졌다. 영상 작업을 마쳤을 때는 새벽 3시였다. 모텔주인 입장에서는 다른 손님을 받으려면 청소를 다시 해야 하기 때문에 그대로 쓰도록 고수했던 것 같다. 다음부터는 내 입장을 좀 더 강하게 말해야겠다.

고라니로 태어난 죄

- 2019년 8월 9일
- 전국걷기여행 37일차(충남·세종·대전지역 12일차)
- 천안시→세종시(조치원) 35㎞

오전 5시 천안 숙소를 나섰다. 천안삼거리초등학교까지 가서 1번국도로 들어섰다. 아직 어둠이 가시지 않아 불편하지만, 대신 시원해 좋다.

어제는 오늘 행선지 진행방법을 꽤 고민했다. 지도 앱에 '걷기'로 지정하니, 31㎞로 적당하지만 해발 460m의 운주산 쪽으로 안내해 등산길 등 험로가 나올 수 있고, 운이 나쁘면 길을 잃을 가능성도 배제할 수 없다. '자전거'로 지정해 보니, 길은 좋은데 거리가 40㎞도 넘고 날씨도 더운데 무리라는 생각이 들었다. '자동차'로 지정하니, 32㎞로 거리도 적당하고 차량 소음만 감수한다면 걷는 데 별 무리가 없을 것 같다. 결국 자동차용 안내 길인 국도를 이용하기로 했다.

저 멀리 뭔가 길게 누워 있었다. 가서 보니 고라니였는데, 얼떨결에 찻길에 들어왔다 봉변을 당한 듯했다. 고라니 아닌 '사람'으로 태어나 그런 일을 당했다면 난리가 나고 즉시 어디론가 옮겨졌을 텐데, 고라니로 태어난 죄로 방치되는 것 같아 불쌍하다. 저녁에는 세종시 사는 친구가 격려차 찾아와 메기매운탕을 사줘 맛있게 먹었다.

대망의 21세기에 문맹이라니
- 2019년 8월 10일
- 전국걷기여행 38일차(충남·세종·대전지역 13일차)
- 세종(조치원)→세종시→공주시 45㎞

오전 5시 20분 조치원 숙소를 나섰다. 소형화물차 한 대가 서더니 공주 가는 길을 물어왔다. 내가 "스마트폰으로 내비게이션을 켜고 가라"고

했더니, "내비가 고장 났다."라는 핑계를 댔다. 보아하니 내비를 사용할 줄 모르는 게 틀림없었다. 며칠 전 예산터미널에서는 젊은 여성이 "인천행 버스가 어느 차냐"고 물어보았는데, 황당하게도 바로 앞 버스 유리에 큰 글씨로 '인천행'이라고 쓴 버스가 대기하고 있었다. 문맹이었던 것이다. 요즘 세상에 한글조차 읽지 못하는 사람이 있다는 사실이 놀랍다.

조치원 외곽을 지나는데 지도 앱이 좌측 길로 안내한다. 갑자기 길이 없어졌다. 주변을 살펴보니, 폐쇄된 지 오래인 것이 틀림없었다. 지도 앱에 '걷기' 대신, 길 찾기가 용이한 '자전거'로 다시 설정했다. 금강 자전거 길로 안내했는데, 그에 따라 걷기 거리는 6㎞나 늘어나게 되었다.

나를 'K-pop 아이돌'로 아나
- 2019년 8월 11일
- 전국걸기여행 39일차(충남·세종·대전지역 14일차)
- 공주시→논산시 43㎞

오전 7시 신관동 숙소를 나섰다. 오늘따라 유난히 날벌레들이 많다. 어떤 놈들은 마치 K-pop 아이돌 쫓아다니는 '광팬'이라도 되는 듯, 나를 '아이돌' 삼아서 끈질기게 따라와 코앞에서 날갯짓을 한다. 손을 휘둘러 쫓아도 별 소용이 없다.

정오가 가까워 오면서 몸이 지쳐간다 싶더니, 졸음이 몰려오기 시작한다. 물을 자주 마시며 30분마다 쉬어가도 그때뿐이고, 다시 졸기를 반복했다. 내가 원래 걸을 때는 조는 법이 거의 없었는데, 전국걸기여행을 떠난 후에는 날씨가 더울 때마다 자주 그렇다. 매일 걷기를 강행해서 몸이 피곤한 것도 있겠지만 덥지 않았을 때는 졸은 적이 없었으니 더위가 주범인 것 같다. 어서 시원한 가을이 왔으면 좋겠다.

나비 구출작전

- 2019년 8월 12일

- 전국걷기여행 40일차(충남·세종·대전지역 15일차)

- 논산시→계룡시 29㎞

오전 9시 30분 논산 숙소를 나섰다. 길가 고인 물에 빠져 탈출을 시도하다 날개가 젖어 탈진한 상태로 엎어진 나비 한마리가 보였다. 그대로 두면 익사할 수밖에 없을 것이다. 나뭇잎 가지로 나비를 꺼내 구해주었다. 모처럼 선한 일을 한 것 같아 기뻤다.

계룡시가 가까워질 무렵 스마트폰 지도 앱을 확인하는데, 인터넷이 끊겨 있었다. 당연히 지도 앱도 쓸 수가 없었다. 국도로 들어서 교통표지판만 보면 계룡까지 갈 수 있기에 망정이지 깊은 산중에서 이런 일을 당했다면 길을 잃었다고 생각하니 기가 막혔다. 점심식사 후 찬찬히 스마트폰을 살펴보았는데, 뜻밖에도 '비행기' 그림이 있었다. 무의식 중에 '비행기 탑승' 모드를 눌러 인터넷이 끊겼던 것이다.

축지법
- 2019년 8월 13일
- 전국걷기여행 41일차(충남·세종·대전지역 16일차)
- 계룡사→대전시청→대전시서구→대전시유성구 28㎞

오전 7시 계룡 숙소를 나섰다. '걷기 마니아'인 나는, 경험에 의해 터득한 나만의 '걷기비법'이 있다. 보폭은 최대한 넓히고 굴렁쇠가 굴러가듯 뒤꿈치에서 앞으로 무게중심을 옮기며 성큼성큼 걷되, 파도처럼 '추~울렁 추~울렁' 하는 느낌으로 탄력을 살리는 것이다. 나는 이 방법을 '탄력보법(彈力步法)'이라고 부르는데, 쑥스럽게도, 세상에서 나만 사용하는 이름이긴 하지만, 힘도 덜 들고 빠르며 오르막길도 의외로 쉽게 오르는 장점이 있다. 재미 삼아 '축지법'으로 바꿔 부르기도 한다. 그동안 무리해 걷다 보니 체력이 떨어지고 폼이 흐트러졌는데, 요즘 휴식으로 회복되면서 본래의 '탄력보법' 폼으로 다시 돌아왔다.

계룡 시내를 벗어나 국도로 접어드는데, 도로가 굴곡이 심하다 보니 차가 30~40m까지 바짝 근접하고서야 차를 볼 수 있는 곳도 있어 위험했다. 도로방향으로 축 늘어진 아카시아도 문제인데, 일반 나무는 손으로 헤쳐 가며 걸을 수 있지만, 가시에 찔릴 수 있으니 쉽지 않다. 때로는, 차가 오는지 살펴 안전하다고 생각되는 순간 재빨리 차도 쪽으로 들어갔다 나오는 식으로 지나가야 한다. 도로를 만드는 공무원들이 보행자를 조금 더 배려했으면 좋겠다. '알아서 다니라'는 식의 행정은 옳지 않다.

1,400㎞ 걸었는데 신발이 멀쩡해

- 2019년 8월 14일
- 전국걷기여행 42일차(충남·세종·대전지역 17일차)
- 유성구→대덕구→동구→중구 24㎞

오전 7시 봉명동 숙소를 나섰다. 오늘은 대전광역시 지역을 마치는 날이다. 내일 충남 금산군까지 마치면, 충청남도 · 대전광역시 · 세종특별자치시 지역을 모두 완료하게 된다. 충남 지역 길은 수도권에 비해 상대적으로 인도가 덜 확보되어 있기는 하지만 차량통행이 적어 크게 불편하지 않았고, 오히려 '자연의 길'을 느낄 수 있어 좋았다. 숙소는 도시지역일수록 시설과 서비스 수준이 높았다. 신발은 1,400㎞ 가까이 걸었지만 밑바닥만 닳았을 뿐 멀쩡하다. 창갈이만 하면 전국 다 걸을 때까지도 사용할 수 있을 것 같다. 숙소에 도착하니 오후 2시였다. 지난 4일간 공주, 논산, 계룡, 유성에서 모텔의 시설과 서비스가 좋아 편안하게 묵었는데, 오늘도 역시 좋았다. 입실 가능시간도 이른 오전 10시었나.

오전 5시 문창동 숙소를 나섰다. 새벽부터 비가 내리고 있다. 우산은 지난달 양평 국수리를 걸을 때 산 것이었는데, 더울 때 양산으로도 겸하다 보니 살이 세 개나 망가졌지만 정이 들어 버리지 못하고 사용해 왔었다. 마침 편의점이 있어 새로 구입했다.

충남·대전·세종 지역 걷기일정을 마무리했다. 18일간 3개 시·도청과 20개 시·군·구청을 순회하며 578㎞를 걸었다. 총 누적거리는 1,385

㎞가 되었다. 갑자기 어린애처럼, 이 세상에 안 계신 부모님한테 칭찬이 받고 싶어졌다. 잠시 어머니가 되기로 하고 우측 엉덩이를 툭툭 치며 말했다. "우리 아들 수고했다." 이어서 아버지가 되어 좌측 어깨를 어루만지며 말했다. "아들, 잘했어. 조금만 더 힘내."

3. 충청북도 지역

오전 7시 단양 숙소를 나섰다. '금수산' 안내간판이 나타났다. 20여 년 전 금수산으로 딸과 조카들을 데리고 등산을 왔던 기억이 떠오른다. 갑자기 한 아이가 "사람이 물에 빠졌다."며 울고불고 난리가 났다. 즉시 물로 다이빙하고, 아이를 안아 물 밖으로 끌어내려는데 여의치 않았다. 바위에 폭포수가 떨어져 둥글게 웅덩이가 형성된 곳이었는데, 오랜 세월동안 이끼가 자라서 몹시 미끄러웠다. 물 밖으로 나가기 위해 손을 대면 바로 미끄러져 물 가운데로 밀려났는데, '다가가고 다시 미끄러지는 상황'이 대여섯 차례나 반복되었다. 1분 정도 짧은 시간이었지만, 머릿속에는 별별 불길한 생각들이 스쳐갔다. '호랑이한테 물려가도 정신만 차리면 산다.'라는 말이 떠올랐다.

그 자리에서 서보기로 했다. 뒤꿈치까지 드니 코는 밖으로 나와 숨을 쉴 수 있었다. 먼저 아이를 물 밖으로 힘껏 던졌다. 이어서 나도 천천히 덜 미끄러운 부분을 찾아 나올 수 있었다. 여행에서 돌아오자 바로 인근 실내수영장에 등록하고, 두 달 동안 기초수영을 배웠다. 비록 유난스럽게 몸이 뻣뻣한 다른 두 남자와 함께 '로봇 삼총사' 불명예를 얻기도 했지만, 혼자 수십 미터는 갈 정도의 초급 수영실력을 습득하는 계기가 되었다.

밑져야 본전

- 2019년 8월 17일

- 전국걷기여행 45일차(충북지역 2일차)

- 제천시→충주시 48㎞

　어젯밤에는 쉽게 잠들지 못했다. 영상 작업을 완료한 후 다시 필요한 정보가 있어 노트북을 켜려는데, 반응이 없었다. 자판에는 불이 들어왔는데, 모니터가 켜지지 않는 것은 물론 꺼지지도 않았다. 내가 아는 지식을 동원해서 데스크톱을 재부팅하는 'ctrl+alt+del' 키를 눌러봐도 소용이 없었다. 새벽에 에어컨을 틀고 자다가 추워 깼는데, 노트북 걱정에 잠이 더 이상 오지 않았다. 고칠 때 고치더라도 스스로 해결해 보기로 하고 노트북을 꺼냈다. 밤새 켜진 상태로 있다 보니, 열이 나 뜨끈뜨끈 했다. 스마트폰으로 해결 방법을 검색하기 시작했다. 삼십여 분쯤 지날 무렵 '켜는 스위치를 10초 정도 계속 누르라'는 정보를 찾아냈다. 그리고 '밑져야 본전'이라는 생각으로 따라 했는데, 뜻밖에도 꺼졌다. "푸하하하~." 개선장군이라도 된 듯 헛웃음이 터져 나왔다. 오늘은 출발 전부터 기분 좋은 일이 있어서 그런지 의외로 크게 힘들지 않았고, 48㎞를 걸어 오후 4시 40분 충주 숙소에 무사히 도착했다. 5분도 지나지 않는데 소나기가 퍼붓기 시작했다.

양초 라면
- 2019년 8월 18일
- 전국걷기여행 46일차(충북지역 3일차)
- 충주시→음성군 31㎞

오전 8시 충주 숙소를 나섰다. 내가 음성을 처음 방문한 것은 젊은 시절 군에 있을 때였다. 1980년이었는데, 한미합동훈련인 팀스피리트 훈련으로 부대가 있던 강원도 화천에서 음성군 금왕면까지 행군해 와, 산에서 열흘 동안 텐트를 치고 지냈다. 당시 예비군들도 참가했는데, 한 예비군이 '자기가 현역 때 고참들로부터 배운 방법'이라며, "라면을 끓여주겠다"고 했다. 양초를 여러 토막으로 잘라 심지에 불을 붙이고 나머지 조각을 연료 삼아 조금씩 올려놓았는데, 그야말로 버너가 따로 없었다. 양초 1개가 다 소모될 즈음, 라면 1개가 피어오르는 수증기와 함께 맛있게 익어 있었다. 나는 그 일이 있은 후로 '음성'이라는 말만 들어도 '양초 라면'

을 떠올리게 되었다.

음성 시내로 접어드는데, 교통표지판 글자 일부가 탈색되고 지워져 제대로 알아보기가 어려웠다. 조금 더 지났는데, 그곳 표지판도 마찬가지였다. 생각해 보니, 단양에서 제천까지 국도를 통해 걸어왔는데 거기도 표지판이 탈색되고 지워진 글자가 많았다. '지역은 다르지만, 같은 공사 업자가 품질수준 낮은 제품으로 시공해 그런 것은 아닐까?' 하는 생각이 들었다.

안타까운 '로드킬'
- 2019년 8월 19일
- 전국걷기여행 47일차(충북지역 4일차)
- 음성군→진천군 41㎞

오전 5시 20분 음성 숙소를 나섰다. '도로 상 야생동물 및 가축 사체 신고를 접수받는다'는 안내 간판이 나타났다. 걷기여행을 떠나온 후 꽤 많은 동물 사체를 목격했다. 새 종류가 가장 많았고, 고양이, 개, 뱀, 고라니 순이었다. 지렁이 같은 놈들은 개체 수가 워낙 많으니 방치하는 것 외에 도리가 없었을 것이다. 편안히 잠자는 듯 누워 있는 동물들도 있지만, 훼손되어 차마 말로 표현할 수 없는 경우가 훨씬 많았다.

사망한 지 오래 되어 백골로, 또는 종이처럼 납작한 상태로 뭉개져 있는 경우도 있다. 그런데 오늘 신고 안내 간판을 보고는 상당 부분 안도의 한숨을 쉬었다. 열심히 치우고는 있지만, 사고가 많이 발생하고 인력도 충분치 않아 어려움이 있는 것 같다. 새나 뱀은 덩치가 적다보니 눈에 덜 띄어 관심 밖인 것으로 보인다.

생거진천
- 2019년 8월 20일
- 전국걷기여행 48일차(충북지역 5일차)
- 진천군→증평군 28㎞

오전 8시 진천 숙소를 나섰다. '생거진천' 캐치프레이즈가 자주 보인다. '생거진천 사거용인(生居鎭川 死居龍仁)', 진천은 물이 좋아 살기 좋고, 용인은 죽어 묻힐 때 명당으로 낫다는 말이다. 군청 홈페이지에 들어가 보니, '주민 1인당 소득 충청북도 1위', '재정자립도 군 단위 전국 3위' 통계가 눈에 띈다. 과연 '생거진천'에 걸맞는 곳이다.

길가에 소형 태극기가 떨어져 있었다. 젊은 사람들이 걷기여행 할 때 소형 태극기를 배낭에 꽂고 걷는 경우가 종종 있는데, 무의식중에 흘린 것 같았다. 즉시 주워 배낭에 넣었다. 그리고 100m쯤 더 걸었을 때 또 떨어져 있어, 역시 주웠다. 숙소에 도착해 '기념 삼아 집에 가져갈까' 생각하다가, 자세히 보니 때가 많이 타 보기에 좋지 않았다. 인터넷에 검색해 보니, 이럴 때는 소각하라고 되어 있다. 모텔 뒤뜰로 가 불을 붙였는데 의외로 잘 타지 않았다. 불연 화학섬유를 사용해 그런 듯했다. 10여 분을 애쓰고 나서야 소각을 마칠 수 있었다. 태극기는, 잘 타고 잘 분해되는 소재를 사용해야 할 것 같다.

친구의 쾌유를 기원하며
- 2019년 8월 21일
- 전국걷기여행 49일차(충북지역 6일차)
- 증평군→괴산군 33㎞

오전 8시 증평 숙소를 나섰다. 기분전환 겸 잠시 국도를 벗어나 일반 도로를 통해 걷기로 했다. 막상 벗어나니 장례식장과 어수선한 공장들이 이어져 별로 즐겁지 않다. 지도 앱의 안내 길이 멀리 보이는데 산길 같다. 등산로를 잘못 만나 길을 잃기라도 하면 큰일이다. 다시 국도로 들어서려는데, 진입부가 보이지 않았다. 잠시 고민하다, 도둑처럼 '무단진입'을 시도하기로 했다. 가파른 경사면을, 십여 분 동안 빽빽한 가시덤불 헤치며 겨우 올라설 수 있었다.

그늘진 곳은 아니지만 주유소 입구에서 쉬어가기로 했다. 그늘이 없으면 덥기는 하지만, 대신 성가신 개미들도 없어 좋다. 때마침 시원한 바람이 불어오니, 잠시 국도 밖으로 나가 생고생한 게 잊어지는 듯했다. 친구들과 SNS로 풍경사진도 보내며 소통하는데, 부천 친구 소식이 눈에 들어왔다. "몹쓸 위암에 걸렸는데, 오늘 일곱 번째로 항암치료를 받았다."는 것이다. 그 친구와 젊었을 때 나눈 우정과 추억을 되새기고 빠른 쾌유를 기원하며 걸었다.

경찰차량 연행사건
- 2019년 8월 22일
- 전국걷기여행 50일차(충북지역 7일차)
- 괴산군→청주시→충북도청 29㎞

오전 5시 30분 괴산 숙소를 나섰다. 코스 중복을 피해, 괴산에서는 괴산터미널까지만 걷고 증평터미널까지는 버스로 이동한 후, 거기서부터 청주로 걷기로 했다. 증평터미널을 출발한 지 한 시간가량을 지났을 무렵, 경찰차량 1대가 다가왔다. "자동차 전용도로를 위험하게 걷고 있다."는 신고가 접수되어 출동한 것이라고 했다. 내가 차량들과 마주보며 걷다 보니, '자동차 전용 도로' 간판을 볼 수 없어 인지하지 못했던 것이었다. 경찰관은 "순찰차로 데려다 주겠다"고 했다. 결국 10여 분 동안 경찰차량 신세를 진 후 국도로 내려갈 수 있었는데, 고맙기는 했지만 '연행'되는 느낌이 들어 썩 즐겁지는 않았다. 보통 '경찰관'이라면 딱딱한 이미지를 떠올리는데, 충청도 경찰관들은 다른 것 같다. 사투리가 편안하기도 하지만, 시골마을 청년회장이나 고향 후배들한테서 풍기는 분위기도 느껴진다. 저녁에는 청주 인근에 사는 친구 둘이 숙소로 찾아와서, 걷기여행을 격려해 주고 오리고기도 사줘 잘 먹었다. 걷기여행을 떠난 후 친구들한테 갚아야 할 빚은 늘어 가는데, 현재로선 언제 갚을 수 있을지 알 수 없으니 걱정이다.

51일차 기념 '51㎞ 걷기'
- 2019년 8월 23일
- 전국걷기여행 51일차(충북지역 8일차)
- 청주시→보은군 51㎞

오전 5시 30분 청주 숙소를 나섰다. 해발 360m 피반령 고개를 넘는 오르막길이 이어진다. 어느 지점부터는 내리막길로 느껴지는데 뒤를 돌아보면 계속 오르고 있었다. 언젠가 TV에서, "한라산 어느 오르막길에서는 내리막길로 느껴져 물이 아래에서 위로 흐르는 듯 착각한다"고 방영된 것이 생각난다. 내가 오늘 그 황당한 일을 경험한 것이다.

고개 정상에서, 비상식량으로 준비한 빵을 세 개나 먹었다. 고개를 넘으니, 햇볕이 점점 뜨거워지고 땀이 비 오듯 흘렀다. 올 여름 최고 더울 때도 걸은 걸 생각하면 별것 아니긴 하지만, 장시간 계속되니 여전히 만만치 않다. 졸음까지 몰려온다. 이번에는 해발 321m 수리티재 고개를 넘는 중이다. 달팽이처럼 산을 돌아 끝없이 올라가는 것은 피반령 고개와 다르지 않았다. 숙소에 도착하니 오후 6시 30분이었다. 총 13시간 동안 51㎞를 걸었다. '전국걷기여행 51일차 기념 이벤트'를 한 셈이었다.

오전 6시 20분 보은 숙소를 나섰다. 옥천 지역에 들어서고 국도에서 내려와 걷는데, 길이 사라졌다. 지도 앱은 길을 제시하는데, 앞에는 울창한 숲이 보일 뿐이었다. 뒤돌아 가서 행인에게 물어보니, "예전에 길이 있었지만, 통행량이 워낙 적다보니 나무가 무성해서 막히게 되었다"고 했다. 다시 국도로 진입해 좀 더 걸으니 진출구가 나타났다. 그런데, 원하는 길 반대쪽인 대전 방면으로 빠지고 있었다. 결국 30여 분을 헤맨 다음에야 옥천읍내 방향으로 진입할 수 있었다.

숙소로 가기 전 한식뷔페를 먹기로 하고, 2㎞를 걸어 식당에 도착했다. "영업시간이 지나 손님을 받을 수 없다"고 했다. 이어서 1.5㎞를 걸어서 소머리국밥 집을 찾아갔는데, '개인 사정 때문에 잠시 문을 닫는다'고 씌어 있었다. 다행히 바로 옆에 내가 좋아하는 굴밥집이 있어 들어가 맛있게 먹었다. 오늘 길을 두 번이나 헤맸고 식당도 헛걸음한 번거로운 하루였지만, 삶의 지혜를 배우는 수업료를 치른 것으로 믿기로 했다. 세상에 공짜는 없는 법이니까.

잠꾸러기 전우야
- **2019년 8월 25일**
- **전국걷기여행 53일차(충북지역 10일차)**
- **옥천군→영동군 37㎞**

오전 6시 30분 옥천 숙소를 나섰다. 누적거리 15㎞를 지날 즈음 다리 밑 그늘에 소파 한 개가 놓여 있어 잠시 쉬어갔다. 마침 바람도 불어와 시원했다. 소파가 이렇게까지 안락할 수 있다는 걸 오늘 처음 깨달았다. '영동군 학산면' 안내표지판이 나타났다. 옛 전우가 생각난다. 그 친구 고향이 학산면이었는데, 대단한 잠꾸러기였다. 축구가 요즘도 꽤 인기 있는 스포츠이기는 하지만, 놀이문화가 다양하지 못했던 당시 '남자들 놀이문화의 대표'라고 할 정도로 큰 비중을 차지했다. 남·북한이 첨예하게 대립하던 시기이다 보니, 남북 스포츠 대결 특히 축구경기가 있을 때는 마치 전쟁이라도 치르는 듯한 내무반 분위기가 감지되기도 했다. 남들은 응원하느라 막사를 떠나보낼 지경이었지만, 그 친구는 잠만 쿨쿨 잘 잤다. "잠꾸러기 전우야, 보고 싶다."

충청북도 지역 걷기일정을 마무리했다. 10일간 1개 도청과 11개 시·군청을 순회하며 377㎞를 걸었다. 총 누적거리는 1,761㎞가 되었다.

4. 전라북도 지역

오전 7시 충북 영동 숙소를 나섰다. 누적거리 15㎞가 되었을 즈음 그늘에서 쉬어갔다. 은빛 동그란 물체가 눈에 들어왔다. 2016년 주조된 100원짜리 동전이었다. 사람으로 치면 만 3살 된 셈인데, 내가 그동안 길에서 주운 동전들과 달리 이 동전은 차에 밟힌 상처가 좀 있기는 하지만 거의 본래 모습을 유지하고 있었다. 전북지역 첫째 날부터 동선을 횡재하니 기분이 좋다.

도로에 숨을 헐떡거리면서 누워 있는 나비 한 마리가 보였다. 요사이 유독 길거리에 누워 있는 나비들이 많이 목격된다. 번식을 끝내고 생을 마감하는 시기인 듯하다. 삶과 죽음의 이치를 달관하기라도 한 듯 기꺼이 죽음을 받아들이는 듯한 모습에 고개가 숙여진다. 무주군청을 들렀는데도 숙소 입실시간까지는 세 시간이나 남아 있었다. 우선 식당에서 돼지고기 제육볶음을 맛있게 먹고, 이발소를 찾았다. 다른 곳에서는 모두 멀리 떨어져 있어 이용하지 못했는데, 오늘은 세 곳이나 거의 붙어 있었다.

숙박비도 깎아야 하나
- 2019년 8월 27일
- 전국걷기여행 55일차(전북지역 2일차)
- 무주군(무주읍)→무주군(안성면) 23㎞

오전 6시 30분 무주읍 숙소를 나섰다. 걷다 보니, 뱀 한 마리가 웅크리고 있었다. 도로 중앙으로 가면 지나가는 차에 치일 수밖에 없고, 콘크리트 펜스 때문에 밖으로 탈출하기도 쉽지 않을 것 같다. 구해주기로 하고 나뭇가지로 건드려 보았는데, 반응이 없었다. 그 상태로 죽어 버린 것이었다. 나뭇가지로 집어, 그 뱀이 살아 있을 때 편안히 느꼈을, 풀이 무성한 곳으로 옮겨 주었다. 인간들은 도로를 만들어 보다 편안하게 살 수 있지만 동물들은 목숨도 잃을 수 있다고 생각하니, 동물들에게 미안한 생각이 들었다.

안성면 숙소에 도착했다. 예약할 때 통화한 남자 대신 부인인 듯한 중년여성이 "3만 5천 원을 내라"고 했다. "3만 원에 해주기로 해서 왔다"고

했더니, 잠시 생각하는 듯하다가 인심 쓰듯 '3만 원에 해 주겠다'고 했다. '내가 깎는 데는 별로 소질이 없는 사람인데, 앞으로도 그런 숙박업소 주인들을 또 얼마나 많이 만날까?' 걱정이 앞선다.

밥은 먹고 다니죠
- 2019년 8월 28일
- 전국걷기여행 56일차(전북지역 3일차)
- 무주군(안성)→장수군 34㎞

오전 6시 안성면 숙소를 나섰다. 길가에 항아리들을 쌓아놓은 게 나타났는데, 가까이 가서 보니 항아리마다 글자가 한 자씩 붙어 있었다. "밥은 먹고 다니죠?" 가슴이 따뜻해지는 글이다. 지나가는 많은 이들이 나처럼 감동 받았을 것이라 생각하니, 그 장수군 마을의 격이 새삼 특별하게 보였다.

걷는데, 각종 사회단체와 개인 명의로 된 시위성 플래카드가 수없이 걸려 있었다. "마을이 '분수' 때문에 망가져 살 수가 없다."는 것이다. 처음에는 무슨 원한관계가 있다는 것 같기도 하고, 이해가 되지 않았다. 걸으며 플래카드들을 읽어 보니, 이름도 특이한 '분수'라는 공장이 있는데, "악취를 풍겨 마을의 청정 이미지가 실추되니 대책을 세우라."는 것이었다. 마을 사람들 입장에서는 난데없는 공장이 들어와 주거환경이 망가지고, 땅값 하락 등 손해가 발생할 수도 있으니, 화가 날 법도 하다. 공장 사장은, "내 돈 들여 허가받았고 지역 일자리까지 세 공하는데, 누소선

안 된다고만 하니 난감 하다"고 할 것 같다. 안타깝지만 양측이 대화를 통해 풀어가는 것 외에 뾰족한 대책이 없을 듯하다.

오전 6시 40분 장수 숙소를 나섰다. 한동안 산길을 걷다가 번암면 마을이 나타나니 반가웠다. 길 반대편을 지나가던, 허리 굽고 늙은 할머니 한 분이 나를 향해 손짓하며 소리쳤다. 멈추고 들어 보니, "어디까지 걸어가는지, 왜 걷는지?" 묻는 것이었다. 이어서 "젊은이, 힘내시게."라며 손도 흔들어 주었다. 할머니는 내가 여전히 젊은 사람으로 느껴졌던 것이다.

경운기 한 대가 다가오는데, 운전자가 나한테 거수경례를 하는 것 같 았다. '혹시 착각했나?' 하고 주변을 살펴봤지만, 경운기 운전자와 나, 둘 밖에 없었다. 잠시 고민하다 같이 거수경례를 하기로 하고, 우측 손을 이 마에 댔다. 경운기가 내 옆을 지나갈 때는 손을 흔들어 주었다.

우리 사랑은 단 하루도 천 년입니다
- 2019년 9월 18일
- 전국걷기여행 58일차(전북지역 5일차)
- 남원시→순창군 39㎞

오전 6시 30분 남원 숙소를 나섰다. 나는 '걷고 있을 때 가장 나답다'는 느낌을 받는다. 특히 오늘처럼 걷기여행 중 집에 다녀와 복귀하는 날에 는 더욱 그렇다. '내가 있어야 할 곳이 집보다 길이 아닐까?' 하는 착각마 저 든다.

출발한 지 한 시간이 가까워질 무렵 걷기운동 앱을 확인하는데 보이지 않았다. "아차!" 걷기운동 앱 켜는 것을 잊었던 것이다. 확인해 보니, 4.2 ㎞나 지나왔다. 전국걷기여행 58일차인데, 운동 앱을 켜지 않은 채 걸은 것은 처음이다. 남원 시내를 걷는데, 벽에 써놓은 글이 눈에 들어왔다. "우리 사랑은 단 하루도 천 년입니다." 춘향과 몽룡의 사랑 이야기가 서 려 있는 '남원시'다운 글이다.

순창이 가까워질 무렵 해발 275미터의 '비홍재' 고개가 나타났다. 출발 할 때 살짝 피곤함을 느꼈던 내 몸은 오르막길을 지나니 회복되었다. 오르막길이 내리막길보다는 당연히 힘든 것인데, 오히려 더 편하고 힘이 난다는 게 신기하다.

오전 5시 40분 순창 숙소를 나섰다. 친구한테서 전화가 걸려왔다. "온갖 차들이 달리는 험한 길을 걷는 여행을 1년 가까이나 혼자 하는 것에 대해, 가족들이 반대하지는 않았냐"고 물었다. 결론부터 말하자면, 내가 일방적으로 '선언'한 것이었다.

2018년 추석날, 연말 은퇴를 앞두고 가족들에게 전 재산을 공개했다. 재산이라야 사는 집과 퇴직금, 모아둔 돈 얼마가 전부였지만, 함께 알고 있어야 할 것 같았다. 그리고 "그중 3천만 원은 은퇴 기념으로, 버킷리스트인 '전국걷기여행'에 쓰겠다"고 선언했다.

내가 나에게 주는 '은퇴 기념 선물'이었다. 나는 일방적인 게 덜 민주적일지는 모르지만, 때로는 효율적인 측면도 있다고 믿는 사람이다. 그게 '내 삶의 스타일'이기도 하다.

전국걷기여행을 떠난 후로 가족들과 가급적 전화를 적게 하려고 노력하는 편이다. 대신 SNS를 많이 이용한다. 바쁜 세상에 하루가 멀다 하고 "별일 없나?" 하는 전화는 진부해서 싫다.

아내도 나와 30년이나 살아왔으니, 이젠 구속만 하지 말고 서로 영역을 인정해 주는 것도 나쁘지 않다고 생각한다. 자식들도 마찬가지이다.

온고이지신

- 2019년 9월 20일

- 전국걷기여행 60일차(전북지역 7일차)

- 임실군→진안군 31㎞

어젯밤에는 추워 잠을 설쳤다. 며칠 전만 해도 더워 에어컨을 틀고 잘 정도였는데, 이제는 밤에 추위를 신경 쓸 정도로 가을이 완연해졌다. 오전 7시 임실 숙소를 나섰다.

'충주 박 씨 효행비'가 나타났다. 지방으로 내려올수록, 시골일수록 '효행비'니 '공적비'가 현저히 많이 보인다. 조상 모시는 '산소'를 수도권보다 훨씬 더 잘 관리하고 있는 점도 눈에 띈다. 지난 추석날 선산에 성묘 갔을 때 아들이 물었다. "아빠, 우리가 얼굴도 모르는 조상 산소를 왜 관리해야 하지?" 순간 고민에 빠졌다. 그리고 조용히 말해 주었다. "이다음에 아빠가 죽고 나서, 아빠 얼굴을 알지 못한다는 이유로 산소 관리하지 않고 방치하면 좋겠어?", "……." 말없이 듣기만 하는 것을 보니, 별로 동의하지 않는 것 같았다.

누군가 행복할 수 있다면
- 2019년 9월 21일
- 전국걷기여행 61일차(전북지역 8일차)
- 진안군→완주군 52㎞

　　오전 5시 40분 진안 숙소를 나섰다. 만경강 발원지인 토골계곡 약수터를 지나 고개를 넘어서니 완주 지역에 진입했다. 올라올 때는 느끼지 못했는데, 완주 쪽으로 내려가는 길은 꽤 가팔랐다. 겨울에 눈이라도 오는 날에는 차량 운전자들이 단단히 대비해야 할 것 같다. 오후가 되니 빗줄기가 굵어진다. 스마트폰이 터치가 제대로 되지 않아 젖은 손을 옷에 문지르며 사용해야 했다. 우산도 말썽이다. 살이 세 개나 망가졌는데, 바람마저 부니 비가 들이쳐 불편했다.

　　어느덧 완주군청에 도착했다. 숙박 앱을 검색하니, 마침 인근 봉동읍에 저렴한 3만 원짜리 모텔이 있어 바로 예약했다. 도착해 보니 친절하고 시설도 청결하게 잘 관리되고 있어, 두 배인 6만 원을 지불해도 아깝지 않다는 생각이 들 정도였다. 카운터에는 "누군가 행복할 수 있다면"이라고 쓴 멋진 글이 붙어 있었고, 접시에는 이용객을 위한 다과도 정성스레 담겨 있었다.

오전 9시 20분 완주 숙소를 나섰다. 태풍 '타파'와 함께 '하루 종일 비' 소식이 예보되어 있다. 물웅덩이를 피하지 않고 첨벙첨벙 걸으며 지나니, 어릴 적 친구들과 빗속을 뛰놀던 추억이 떠오른다. 비바람이 거세지고 우산이 뒤집히는가 싶더니, 살 한 개가 추가로 망가졌다. 네 개나 망가진 것이었는데, 비 들이치는 정도가 세 개 망가졌을 때보다 두 배는 더 심한 것 같다.

전주시청을 경유하고 나니 전주 사는 친구가 찾아와, 인근 찻집에 들렀다. 친구는 지친 나를 배려해 '몸에 좋다.'며 '아보카도 차'를 사 주었다. 망가진 우산을 보고는, 자기가 쓰고 온 새 우산도 넘겨줘 고맙게 받았다. 새 우산을 펼쳐 들고 걸으니, 마치 폐차 직전의 자동차를 타다가 새로 뽑은 차를 운전하는 느낌이었다. 새 우산이 얼마나 좋은지 오늘 새삼스럽게 깨달았다.

오전 7시 10분 전주 숙소를 나섰다. 만경강이 눈앞에 펼쳐졌다. 4년 전, 직장 관계로 전주시 옆 완주군 이서면에서 1년 동안 생활한 적이 있었는데, 만경강변을 자주 걷곤 했다. 저녁식사 후 바람도 씌울 겸 하천변을 걷다가 길을 잃고 헤맨 적도 있었다. 다음날 새벽이 돼서야 숙소로 돌아왔는데, 그날 걸은 거리는 낮에 걸은 30㎞에 밤에 걸은 32㎞를 합해 총 62㎞나 되었다.

나는 그날 사건 이후 하루 50㎞를 넘게 걸어도 별 부담을 느끼지 않게 되었다. 강변에는 기다랗게 자란 억새가 인상적이었는데, 오늘도 변함없이 아름다웠다.

이서면에 있는 콩쥐팥쥐 전래마을인 '앵곡마을'도 가끔 걸으며 알게 된 엽기적인 진실도 있다. 원님이 팥쥐를 죽여 계모에게 보낸 것으로 되어 있지만, 사실은 '팥쥐'가 사지를 찢겨 죽는 '거열형'을 당한 후 젓갈로 담가져 계모에게 보내졌다는 엽기적 스토리라는 것이다. 하지만 사실은 사실일 뿐, 사용되는 이야기는 동심에 상처 주지 않기 위해 각색된 것이라고 한다.

오전 7시 10분 익산 숙소를 나섰다. 요즘 며칠 사이 숙박요금이 급격히 저렴해졌다는 것을 피부로 느낀다. 지난 일요일에 묵은 진안은, 모텔이 아닌 여관이었고 시설 수준은 형편없었지만 4만 원이나 했었다. 하지만, 다음날부터 묵은 완주·전주·익산과 오늘 군산까지도 모두 2만 2천 원이었다.

　내가 걷기여행을 시작한 후 보은에서 2만 2천 원에 예약한 것이 최저가격이었는데, 최근 4일간 '타이스코어' 최저가격이 지속되고 있는 점이 특이하다.

익산 시내를 지나 시골마을을 걷고 있는데, 어느 집 문 앞에 "행복하세요, 건강하세요."라고 써 붙인 글이 보였다. 담장 옆에는 예쁜 꽃들도 심겨 있었다. 자기 집에 찾아오는 이들을 배려하고 환영하는 마음의 표현인 듯했다. 만약에 그 집 아이들이 내 아이들과 서로 좋아하고 청혼한다면 당장이라도 허락할 것 같다. 나그네가 느끼는 작은 행복이다.

역전의 명수
- 2019년 9월 25일
- 전국걸기여행 65일차(전북지역 12일차)
- 군산시→김제시 37㎞

어제 군산 숙소에서는 옆방의 중국인 관광객들이 밤새 TV를 틀어놓고 떠드는 바람에 곤욕을 치렀다. 양 손바닥으로 귀마개처럼 막아 보았지만 소용이 없었다. 결국 한 시간 이상을 뒤척이고 나서야 어렵게 잠들 수 있었다.

오전 7시 군산 숙소를 나섰다. 마침 해가 떠오르며 지평선이 환하게 빛나는 게 장관이다. 태양의 정기가 내 몸속으로 스며드는 느낌이다. 나는 '군산' 하면 가장 먼저 떠오르는 게 야구명문 '군산상고'이다. 예전에는 고교야구가 인기가 많아 때로는 성인 국가대표팀 인기도 능가할 정도였다. 고등학교 2학년 때로 기억된다. 인천고와 군산상고 경기가 있는 날이었는데, 인천고가 2대 0으로 이기다가 2대 4로 역전패 당하고 말았다. 인천 사람이라 인천고를 응원했는데 허무하게 패하니 몹시 서운했다. 당시 군산상고는 특이하게도 역전승을 많이 했는데, '역전의 명수'라는 별명이 통상적으로 붙을 정도였다. 다음날 학교에 가니 누군가 칠판에 크게 써 놓은 글이 생각난다. "역전의 명수 군산상고, 역전패의 명수 인천고"

의지 없는 나그네
- 2019년 9월 26일
- 전국걷기여행 66일차(전북지역 13일차)
- 김제시→부안군 29㎞

오전 9시 김제 숙소를 나섰다. 예쁘게 단장된 산소들을 보니, 30여 년 전 돌아가신 아버지가 생각난다. 어렸을 때는 아버지와, 본적지이면서 선산이 있고 친족들도 살고 있는 '김포'를 자주 갔는데, 머리가 커가면서부터는 거의 따라 다니지 않았다. 그랬던 내가 아버지가 돌아가신 후로 집안 행사에 거의 빠지는 법 없이 앞장서 참여해 오고 있다. 요즘 '불효부모 사후회(不孝父母 死後悔)', 즉 '불효하면 부모님 돌아가시고 나서 후회한다'는 교훈을 가끔 되새긴다. 지금은 아무리 열심히 해도 기뻐해 주실 아버지는 떠나고 안 계시다.

김제평야가 눈앞에 펼쳐진다. 걷기여행의 장점 중 하나는 '혼자 생각하는 시간을 맘껏 즐길 수 있다'는 것이다. 소설가 정비석의 '산정무한(山情無恨)' 글이 생각난다. "고작 칠십 생애에 희로애락을 싣고 각축하다가 한 움큼 부토(腐土)로 돌아가는 것이 인생이라 생각하니, 의지(依支) 없는 나그네의 마음은 암연(暗然)히 수수(愁愁)롭다." 정비석 선생이 '칠십 생애'라는 말을 썼고, '인생 칠십 고래희(人生七十 古來稀)'라는 말도 있듯, 예전에는 인간 수명의 최대치를 70세라고 생각했던 것 같다. 내가 스물을 넘어 군에 입대한 것이 엊그제 같은데, 어느덧 육십을 넘어 칠십을 향해 가고 있다. 가야 할 때 언제든 기꺼이 가겠지만, 그 순간까지 사람들에게 잠시나마 의미 있는 존재로 남아 있고 싶다.

'전기카트'가 대세

- 2019년 9월 27일

- 전국걷기여행 67일차(전북지역 14일차)

- 부안군→정읍시 31㎞

오전 7시 부안 숙소를 나섰다. 어제 부안읍에서는 식당을 찾느라 고생

올 했다. 도착하니 오후 2시 30분이었는데, 때가 지나다 보니 다섯 번 헛걸음을 하고 여섯 번째로 간 곳에서 어렵게 식사를 할 수 있었다. 뼈다귀탕을 주문했는데, 고기가 듬뿍 들어 있고 맛도 좋았다. 70대 할머니들 5명이 반찬거리를 다듬고 있었는데, 이구동성으로 "전국일주 파이팅!" 하고 외쳐 주어 힘이 났다.

허리가 꼬부라진 노인들이 밭 옆에 전기카트를 세워두고 일하는 광경이 보인다. 예전에는 시골 노인들 교통수단이라야 자전거 정도였다. 그런데 요즘 농촌지역을 걷다보면 '전기카트'가 정말 많이 발견되는데, 이 정도라면 '대세'로 표현해도 무방할 듯하다.

집에서 쉽게 충전해 어려움 없이 사용할 수 있고, 웬만한 짐도 실을 수 있으니 꽤 편리할 것 같다. 어떤 노인들은 정류소 옆에 전기카트를 주차하고, 버스를 타고 가서 볼일을 본 후 정류소로 돌아와 다시 집으로 타고 가는 모습이 발견되기도 한다. 버스정류소가 일종의 '환승주차장'이기도 한 셈이다.

옆집을 잘못 만났어
- 2019년 10월 8일
- 전국걷기여행 68일차(전북지역 15일차)
- 정읍시→고창군 25㎞

전국걷기여행을 하면서, 걷기에 대한 '집중도'와 '리듬감' 유지가 중요하다는 사실을 수시로 실감한다. 이 두 가지 중 하나라도 충분하지 않으면, 마음이 약해져 중도 포기를 생각할 수도 있고 몸이 상할 수도 있다. 걷기여행 중 집에 갔다가 복귀할 때면, 기존의 집중도와 리듬감을 되찾기 위해서는 적어도 5일 이상은 지나야 마음과 몸이 적응하는 것 같다.

잠자리가 바뀔 때마다 숙면에 어려움을 겪는 것도 문제이다. 어젯밤에도 잠이 오지 않아 뒤척이다 겨우 잠들었는데, 옆방 물 내리는 소리, '쿵쿵' 소리에 깼다. 이어서 여럿이 낄낄대며 떠드는 소리가 들렸는데 술판이라도 벌어진 듯했다.

억지로 잠을 청하고 새벽 1시도 넘어 어렵게 잠들었는데, 이번에는 누군가가 문을 두드렸다. 나가 보니, 옆방 투숙객이 술을 사러 갔다 방을 착각한 것이었다.

시계를 보니 오전 5시였다. 오전 10시경 출발하려고 했지만 잠이 다 달

아나, 오전 7시에 길을 나섰다. 전라북도 지역 걷기일정을 마무리했다. 15일간 1개 도청과 14개 시 · 군청을 순회하며 521㎞를 걸었다. 총 누적거리는 2,282㎞가 되었다.

5. 전라남도·광주시 지역(1차)

어제는 모처럼 경비도 절약하고 문화체험도 해볼 겸 '모텔' 대신 4만 원짜리 '여관'에서 묵었는데 몹시 불편했다. 방바닥과 침대는 누렇게 탈색되어 있었고, 들뜬 창문 틈새로 바람은 물론 인근 공사장 소음이 들려왔다. 난방은 가동하지 않았고 전기장판이 있었지만 그마저 고장이 나 작동되지 않았다.

오전 6시 40분 고창 숙소를 나섰다. 기온이 올가을 최저인 섭씨 6.8도까지 내려가서 꽤 춥다. 어젯밤 추위에 떨며 잔 탓에 컨디션이 좋지 않다. 건강해도 쉽지 않은 걷기여행에 감기라도 걸리면 야단이다. '사우나'로 몸 푸는 셈 치고 땀을 내기로 하고, 속도를 올려 걸었다. 누적 걷기거리 5㎞를 지날 즈음 땀이 나기 시작하더니 10㎞를 지날 때는 거의 '완치' 상태로 회복되어 다행이었다.

영광에는 특이하게도 논밭에 벼와 곡물 대신에 '잔디'를 기르고 있는 곳이 많이 보인다. 그동안 남부지방을 걸으며 잘 가꿔진 산소들을 많이 보았는데, 그에 따른 잔디 수요량과 무관하지 않은 듯하다. 요즘 '화장'이 대세이기는 하지만, '매장문화'가 완전히 없어지기까지는 여전히 시간이 더 필요해 보인다. '변화'는 그 형태와 크기에 관계없이 우리 인간들에게 늘 쉽지 않은 과제인 것 같다.

자식은 서울로, 노인은 시골로

- 2019년 10월 10일
- 전국걷기여행 70일차(전남·광주지역 2일차)
- 영광군→함평군 30㎞

오전 7시 영광 숙소를 나섰다. 내가 고향이 경기도인 탓도 있지만, 지방사투리 '히어링'이 유독 약한 편이다. 80대 가량 노인이 지나가다 말을 거는데, 사투리가 심해 알아들을 수가 없었다. 아마도 "걷느라 수고가 많다."는 얘기인 듯했는데, 예의상 "고맙습니다." 하며 지나쳤다. 분명 대한민국 땅이었지만, 조금은 다른 나라에 와 있는 느낌이었다.

시골지역을 걸을 때마다 노인들이 살기 좋은 곳이라는 생각을 자주 한다. 시골 노인들은 나이에 관계없이 자신감이 있고 활기가 넘친다. 동네

마다 노인정은 필수시설로 다 있고, 오래된 느티나무 아래는 언제든 쉬어갈 수 있는 공간도 있다. 수시로 친구들과 만나 교제하니 외로울 틈조차 없을 것 같다. 도시지역과는 비교할 수 없을 만큼 순수하고 효심 깊은 젊은이들로부터 존경과 사랑도 받을 수 있다. 그러니 노인들만큼은, 여건만 허락된다면 시골에서 살 수 있도록 배려해 드리는 게 효도인 것 같다.

천국이 있다면 이런 모습일 거야
- 2019년 10월 11일
- 전국걷기여행 71일차(전남·광주지역 3일차)
- 함평군→나주시 27㎞

오전 7시 함평 숙소를 나섰다. 누적거리 15㎞가 되고서야 어렵게 버스정류소를 만나 쉬어갈 수 있었다. 배낭을 내려놓는데 '고구려대학교' 간판이 보였다. 나주시가 고구려와는 상관없는 지역 같은데, '고구려'라는 이름을 쓴 게 특이했다.

스마트폰으로 검색해보니, '백제예술대학교'가 전북 완주에 있고 '신라대학교'도 부산에 있다. '고려대학교'가 서울에 있고, '조선대학교'는 광주에 있다. 과거 한반도에 존재했거나 현존하는 국명 중 유일하게 '대한대학교'만 사용되지 않고 남아 있는 것이다. 머지않아 '대한대학교'가 탄생할지도 모르겠다.

아름다운 영산강이 자태를 드러냈다. 우거진 수풀과 갈대밭 사이로 길이 만들어져 있고, 쉬어갈 수 있는 벤치도 여러 군데 보였다. 걷다보면 '천국이 있다면 바로 이런 모습이 아닐까?' 하는 상상에 젖을 때가 있다. 오늘 마주한 영산강의 모습이 바로 그랬다.

'K-이용자문화' 어때?

- 2019년 10월 12일

- 전국걷기여행 72일차(전남·광주지역 4일차)

- 전남 나주시→광주시청→서구청 35㎞

오전 7시 나주 숙소를 나섰다. 영산강 변에 들어서니 예쁘고 편리하고 잘 정비된 자전거 길과 보행자도로가 나타났다. 요즘도 4대강 사업에 대한 찬반이 분분하기는 하지만, 걷기를 즐기는 내 입장에서만 본다면 매우 잘한 시책이라고 생각된다.

광주 시내가 가까워지니 사람들이 눈에 띄게 많아졌다. 자전거도로와 보행자도로가 별도로 설치된 구간도 있지만, 도로를 둘로 나눠, 반은 자전거 그리고 나머지 반은 보행자도로로 사용하는 구간도 적지 않았다. 자전거가 보행자도로를 침범해 달리는 경우도 많았는데, 내 옆을 '총알처럼' 스쳐 지날 때는 꽤나 부담스러웠다. 다행스러운 것은, 개인이나 가족 단위 자전거 이용자들은 자주 침범했지만, 단체 이용자들은 대부분 대열 앞뒤로 서로 이끌며 질서를 지키고 있어, '이용자 의식'이 많이 발전하고 있다는 느낌도 받은 것이다. 타인을 배려하는 'K-이용자문화'가 정착되어, K-팝·K-드라마·K-푸드처럼 자랑스러운 한류 대열에 합류했으면 좋겠다.

주인보다 열심히 일하는 종업원은 없어

- 2019년 10월 13일
- 전국걷기여행 73일차(전남·광주지역 5일차)
- 서구→북구→동구→남구→광산구 30㎞

오전 7시 광주서구 숙소를 나섰다. 어제 모텔 주인과 대화를 나눌 기회가 있었는데, 마침 동갑이라 편안하게 들었다. 깨끗한 청소 상태가 인상적이라서 비결을 물어봤는데, 대답은 간단했다. "다른 사람 시키지 않고 주인인 자기가 직접 한다."는 것이었다. 그리고 "주인보다 더 열심히 잘할 수 있는 종업원은 없다."라고 단언했다.

어제 오후 모텔 인근 식당에서 백반을 주문했는데, 주인아주머니가 건기여행 중이라는 얘기를 듣고 고기반찬을 추가로 내오고 밥도 한 그릇 더 줘서 잘 먹었다. "식당을 개업한 지 20년도 넘었는데 요즘처럼 불경기인 적은 없다"고 했다. 그런데 나중에 밥값을 계산하다가 뜻밖에 저렴한 5천 원이어서 놀랐는데, "불경기 극복을 위해 서비스 수준을 높이며 웬만한 반찬은 다른 사람 쓰지 않고 주인인 자기가 직접 만들기 때문에 가능하다"고 했다.

숙박업소나 식당이나 모두 온갖 아이디어를 짜내며 혼신의 노력을 기울이고 있는 것 같다. 세상에 3대 거짓말이 있는데, '노인이 죽고 싶다는 것', '노처녀가 시집 안 가겠다는 것', '장사가 밑지고 판다는 것'이라는 우스갯말이 있다. 그처럼 거짓말이었으면 좋겠지만, 어려운 것이 사실이라면 정부는 특단의 대책이라도 세워야 할 것 같다.

영원한 광주시민 '광산 김 씨'
- 2019년 10월 14일
- 전국걷기여행 74일차(전남·광주지역 6일차)
- 광주시 광산구→전남 장성군 24㎞

어제 묵은 모텔은 저렴한 2만 8천 원이었는데 시설과 서비스 수준이 높아 편안하게 잘 쉬었다. 내가 나그네 생활을 한지도 어느덧 74일차나 되다 보니 모텔 프런트 앞에만 가도 어느 정도는 감이 오는데, 어제는 최고급 호텔에 들어선 듯한 착각이 들 정도였다. 내가 걷기여행 떠난 이후 만난 많은 숙소 중 단연 최고로 꼽을 수 있을 것 같았다.

오전 7시 40분 광산구 숙소를 나섰다. 내가 어렸을 때 자란 곳이 '광산 김씨' 집성촌이다 보니, 내 죽마고우들 중에는 유독 '광산 김씨'가 많다. 나는 족보에 관심이 많아 수시로 들춰 보기도 하는데, 옛날 글들을 보면 '(아무개)는 본관이 (어디)'라는 표현을 '(아무개)는 (어디)인이다'라고 쓴 게 많이 보인다. 본관이 '김해'라면 '김해인'이고, '전주'라면 '전주인'이다. 내 친구들이 지금 인천에 살고는 있지만 광산인, 즉 '영원한 광주시민'인 셈이다.

시골 할머니장터
- 2019년 10월 15일
- 전국걷기여행 75일차(전남·광주지역 7일차)
- 장성군→담양군 36㎞

오전 7시 30분 상성 숙소를 나섰다. 장성 시내를 벗어날 즈음 '시골 할머니장터' 간판이 눈에 띄었다. '시골 할머니장터'는 장성군에서 2014년 부터 운영 중인데, 할머니들이 텃밭에서 일군 농산물과 임산물 등을 가지고 나와 팔며, 담소를 나누고 소식도 주고받는 공간이라고 한다.

'버스정류소 설치'를 기념하는 비가 나타났다. 기념비에는 도비 2천만 원, 군비 1천만 원, 주민부담 2천만 원 등 총 5천여만 원을 들여 승강장과 마을 표지석을 설치한 것과, 돈을 낸 주민들 이름, 금액이 빼곡하게 새겨 있었다. 보는 시각에 따라서는 겨우 버스정류소를 만든 것에 대해, 그리고 몇 억도 아닌 5천만 원, 그중에서 주민이 부담한 2천만 원에 너무 거창한 의미를 부여한 것은 아닌지 반문할 수도 있겠지만, 오히려 이런 과한 듯한 모습 덕분에 시골이 인간미 넘치는, 살 만한 곳으로 남아 있다는 생각이 들기도 한다.

절친 남수 형이 담양 가는 길에 즈음하여 나를 위한 시를 지어 보내왔다.

담양 가는 길

오남수

걸어서 담양 가는 길
가을이 짙어가네.
나그네 발걸음
갈 길이 멀어도

낙엽에 걸음이 멈추니
우리 삶도 낙엽이 아니던가.

걸어서 담양 가는 길
길 따라 홀로 걷고 있네.
장성 떠나 백 리 길
이 길인가 저 길인가 찾아가건만
보건소 묻는 노파에 걸음이 멈춰지니
황혼에 마음이 안쓰럽구나.

걸어서 코리아
두 발로 웃고 있네.
두 발로 행복하네.
인생은 길이기에
삶은 혼자이기에
오늘도 홀로 걷고 있네.

걸어서 코리아
마음을 비우네.
등짐을 내려놓네.
하늘, 바람, 비, 길……
비스징규장나서 빗이 되누나.

오전 6시 50분 담양 숙소를 나섰다. 곡성이 가까워질 무렵 갑자기 개들이 짖어댔다. '낯선 객이 지나가니 그러려니….' 하며 고개를 돌려 보았는데 뜻밖에 문제가 있었다. 나는 높은 길에서 걷고 있고 개들은 도로 아래 작은 길에 있어 당장 내 쪽으로 올 수는 없지만, 내가 이동하는 방향으로 같이 따라오고 있었는데, 50여 미터만 더 진행하면 두 길이 만나게되어 있어, 개들과 맞닥뜨리는 최악의 상황을 피할 수 없을 것 같았다. 다행히 때마침 개 주인이 나타났다. 개들은 그제야 따라오던 걸음을 멈추고 주인에게 향했다. 목줄 없이 키우는 주인이 미워 한소리 해주고 싶었지만 '혹시 개들이 다시 따라 오지 않을까?' 하는 두려움에 빠른 걸음으로 그곳을 벗어났다.

담양을 지나 곡성에 들어서니, '효녀 심청의 고을 곡성' 표지석이 반갑게 맞아준다. 심청은 1,700년 전 곡성에서 살던 실존인물로 고증되었고, 곡성군 내 '관음사'는 효녀 심청의 설화가 전해 오는 곳이라고 한다. 마음 같아선 심청관광지를 돌아보고 싶지만 갈 길이 바쁘니 다음 기회로 미룰 수밖에 없다.

오전 7시 30분 곡성 숙소를 나섰다. 석곡면에 들어서니 길옆에 각종 비석들이 많이 보인다. 전국걷기여행을 하다 보면 내가 전에 알던 지식과는 의외로 다른 경우를 많이 발견하는데, 그중 하나가 우리나라 각 지역, 특히 지방에는 비석이나 표지석 등 돌로 만든 상징물들이 정말 많다는 것이다. 시·군이나 읍·면 경계에는 새마을, 바르게살기, 라이온스, 로타리클럽 등 그 지역의 각종 단체에서 만든 것들이 많은데, 주로 공익적인 캐치프레이즈가 새겨져 있다.

마을 단위에는 마을회, 경로회, 청년회 등에서 만든 공덕비, 효부·열

녀비, 애향 캐치프레이즈, 시설조성 기념비가 많다. 개인 단위로는 선산·묘지 안내비, 조상 공적비 등이 있다. 보는 이들에게 애향심과 효(孝) 사상을 고취하는 효과도 적지 않을 것 같다.

쓰인 글을 보면 옛날 군사정권 때나 적합할 법한 용어나 문장들도 적지 않았는데, 세월이 지나 21세기가 된 현 시점에서는 변신이 필요하다는 생각이 들기도 했다. 모 단체는 '초아(超我)'란 단어가 포함된 캐치프레이즈를 새겨놓았는데, 요즘 세대 중 그 뜻을 이해하는 사람이 얼마나 될지 의문이 들기도 했다. 다행스러운 것은 대부분 한글과 한자를 병기해 이해에 도움이 되도록 했는데, 간혹 한글만 새겨놓은 경우도 있었다. 한자를 쓸 경우에는 한글을 병행하고, 그 뜻도 풀어 놓는다면 많은 도움이 될 것 같다.

공공기관이 맞춤법을 틀리다니

- 2019년 10월 18일
- 전국걷기여행 78일차(전남·광주지역 10일차)
- 순천시(주암면)→화순군(터미널) 40㎞
- 나주터미널→나주시(숙소) 3㎞

오전 6시 50분 주암면 숙소를 나섰다. 주암댐 안내간판이 나타났다. 그런데 자세히 보니 영어 철자가 잘못 표기되어 있었다. 나는 국어 맞춤법에는 엄격해서 늘 바르게 사용하려고 노력하는 편이다. 우리가 세종대왕 님 덕분에 세계가 부러워하는 한글을 가지고 있으니, 후손으로서 제대로 사용하도록 노력해야 하는 게 당연한 도리라고 생각한다. 일반인들이야 강제하기 어려우니 어쩔 수 없다손 치더라도, 공공기관에서까지 바르지 않게 사용하는 것은 용납하기 어렵다.

상대적으로 비교적 잘 지키는 교통표지판에도 가끔 오류가 보인다. 가장 많은 오류는 플래카드에서 발견되는데, 특히 띄어쓰기를 많이 틀린다. 황당한 것은 아이들을 가르치는 학교가 설치한 간판이나 플래카드에서조차 적지 않은 오류가 발견된다는 사실이다. 그 잘못된 것을 매일 보며 출퇴근하는 국어 선생들은 도대체 무슨 생각을 하며 다니는지 모르겠다. 일종의 새로운 규제가 될 수도 있겠지만, 기관마다 '(가칭)한글지원관' 등을 지정해 홍보물이나 간판을 만들 때 최종단계에서 문구나 철자의 오류 여부를 살펴보도록 하는 제도를 둔다면 어떨까 하는 생각이 들기도 한다. 물론 '주암'은 국어가 아닌 '국어의 영문 표기에 관한 문제'이긴 하지만 역시 바르게 써야 할 것이다.

인생 해법은 느끼는 것
- 2019년 10월 19일
- 전국걷기여행 79일차(전남·광주지역 11일차)
- 나주시→무안군 29㎞

오전 7시 나주 숙소를 나섰다. 다시면 시골길을 걷는데 '다리가 오래되어 위험하니 차량은 다닐 수 없다'고 씌어 있는 교통안내 표지판이 보인다. 일본 연호인 소화(昭和) 5년에 만들었다고 기록되어 있다. 소화 5년은 서기 1930년이니, 89년이나 된 것이다.

때마침 노인 한분이 다가오더니, 덕담을 해준다. 노인은, "인생 일장춘 몽이니, 살아가는 것을 행복으로 알고 그날그날 즐겁게 살아라. 하루 세 끼 건너뛰지 말고 조금씩이라도 꼭 먹어라." 하는 메시지를 전해 주었다.

전국걷기여행을 처음으로 떠나기 하루 전날, '걷기여행을 통해 나의 살 아온 과거와 현재를 돌아보고 미래의 삶을 구상하겠다.'라는 다소 거창한 생각을 했었다. '행복'이라는 단어에 대해서도 지금까지 내가 가지고 있 던 고정관념을 지우고 제로베이스에서 생각해보기로 했다.

그런데 얼마 전부터 '행복 해법은 푸는 게 아니라 느끼는 것'이라는 생각 이 자주 든다. '구슬이 서 말이라도 꿰어야 보배.'라는 말이 있다. 아무리 잘 푼다 한들 마음으로 느끼지 않으면 의미가 없다. 부모가 자식에게 아무 리 좋은 말을 해도, 자식이 가슴으로 느끼지 않으면 소용없는 것처럼.

가려울 때는 싸릿가지가 최고
- 2019년 10월 20일
- 전국걷기여행 80일차(전남·광주지역 12일차)
- 무안군→신안군→목포시 53㎞

오전 5시 40분 무안 숙소를 나섰다. 걷는데, 좌측 발등이 계속 가시라 도 찌르는 듯 따가웠다. 오전 7시가 가까워지며 환해져 살펴보니, 발등 에 가느다랗고 붉은 줄이 보였다. 어제 숙소에서 샤워할 때 샤워기 끄트 머리가 날카롭게 깨져 있어 위험하다 싶었는데, 나도 모르게 살짝 베인 것이었다. 반창고라도 사서 붙이면 좋으련만 주변에는 구입할 만한 가게가 보이지 않았다.

이번에는 등이 가려웠다. 어떤 사람들은 몸이 유연해 다른 사람 도움 없이 자기 몸 구석구석을 자유롭게 긁을 수 있지만, 그렇지 못한 나는, 팔이 닿지 않는 부위가 많아 등이 가렵기라도 하면 애를 먹는다. 길가에 '싸리나무'가 눈에 들어왔다. 가지 한 개를 꺾어 긁어 보니, 그야말로 '특급 효자손'이 따로 없었다. 바로 배낭에 꽂고 다니기로 했다. 잃어버리거나 망가지더라도 다시 꺾어 쓰면 되니 돈을 쓸 필요도 없다. 압해읍 지역에 들어서니 무화과나무를 키우는 과수원이 많이 나타났다. '1004섬 신안' 캐치프레이즈도 자주 눈에 띈다. 신안군 섬의 수가 1004개라서 붙여진 것이라고 한다.

한식뷔페·편의점 님, 땡큐
- 2019년 10월 21일
- 전국걷기여행 81일차(전남·광주지역 13일차)
- 목포시→전남도청→영암군 43㎞

오전 7시 목포 숙소를 나섰다. 삼호대교를 건너는데 영산호가 워낙 넓다 보니 마치 바다를 보는 것 같다. 마침 한 친구가 음악을 보내왔다. 이난영의 '목포의 눈물'과 John Denver의 'Take me home, country roads'이다. 아침햇살에 하얗게 반짝이는 영산호를 바라보며 멋진 음악을 들으니 행복하다. 영암군정에 도착하니 오후 4시였다. 한식뷔페가 보여 들어가

려는데 문이 잠겨 있었다. 식사 시간대가 지나다 보니 다른 식당도 찾을
수 없었다. 결국 편의점에서 도시락과 샌드위치를 사서 숙소에 들었다.

내가 걷기여행을 하면서 정말 고맙게 생각하는 두 가지가 있는데, 그
중 하나가 '한식뷔페'이다. 내가 보기에, 적어도 대한민국 땅에서 한식뷔
페만큼 저렴하면서 온갖 다양한 영양소를 맘껏 보충할 수 있는 곳은 없
다. 한 가지 아쉬운 것은, 시골은 한식뷔페가 식사시간대 위주로 운영
하는 경우가 많아 실제로는 이용하기가 쉽지 않다는 점이다. 다른 하나
는 '편의점'이다. 편의점은, 지역에 따라 상품의 종류나 수의 차이만 존재
할 뿐 대도시나 시골 등에 관계없이 전국 어디에서나 상품 가격과 서비
스 수준의 차이가 거의 없다는 것이 큰 장점이다. 별별 것 다 살 수 있고
심지어 택배도 보낼 수 있지만, 내가 주로 애용하는 품목은 도시락과 샌
드위치, 빵이다. 유통기간을 철저히 지킨다는 점도 마음에 든다. 그러다

보니, 내가 매일 숙소에 입실하기 직전 제일 먼저 하는 일이 지도 앱으로 편의점을 검색하는 것이다. 나의 한식뷔페와 편의점 사랑은, 적어도 전국걷기여행이 끝날 때까지는 변치 않을 것이다. 한식뷔페 · 편의점 님, 땡큐!

여자의 마음보다 알 수 없는 건 '터널 길이'
- 2019년 10월 22일
- 전국걷기여행 82일차(전남·광주지역 14일차)
- 영암군(대중교통)→해남군(우수영)
  →진도군(대중교통)→우수영(숙소) 23㎞

오전 7시 영암 숙소를 나섰다. 목적지가 진도이기는 하지만 영암터미널에서 해남 우수영까지는 버스를 타고 갈 계획이다. 거기서부터 진도까지 걷고 나면 다시 버스로 이동하여 우수영에서 숙박할 예정이다. 내가 걷기여행 출발 전 나 자신에게 스스로 약속한 것이 있었는데, 아주 특별한 경우가 아니면 대중교통은 이용하지 않는다는 것이다. 진도까지의 거리가 77㎞나 되는데 중간에 숙소가 적절하지 않으니, 부득이 버스로 이동할 수밖에 없다.

우수영 정류소에 도착하니 오전 10시 30분이었다. 걸어서 진도대교를 건너니 진도터널이 나타났다. 반대편 출구를 통해 빛이 들어오고 있었는데, 터널 길이가 100여 미터도 채 안 되어 보였다. 그런데 터널을 통과하고 나서 안내간판을 보니 620m나 되냈다. "여자의 마음은 갈대."라는 말이 있다. '갈대처럼 흔들리니 알 수 없다.'는 것이다. '터널 입구에서 눈으로만 봐서는 절대로 알 수 없는 것이 터널 길'이다. 내가 그간 많은 터널을 지나 왔지만, 입구에서 출구를 향해 본 후 길이를 비슷하게라도 맞춘 적은 단 한 번도 없었다.

'공립 숙박시설'이 필요해
- 2019년 10월 23일
- 전국걷기여행 83일차(전남·광주지역 15일차)
- 해남(우수영)→해남읍→완도군(군외면 원동리) 34㎞

어제 숙소에서 부천 사는 친구로부터 전화가 걸려왔다. "언제 같이 걷고 싶었는데, 때마침 시간이 나서 왔다"고 했다. 얼마 후 친구가 도착했고, 잠들기 전까지 지난 젊은 시절 추억 이야기를 나눌 수 있어 좋았다. 오전 7시 우수영 숙소를 나섰다. 친구는 지난봄 산티아고 순례길을 걸은 이야기를 해 주어 재미있게 들었다. "숙소 1박당 공립시설은 5유로, 사립시설 10유로를 넘지 않을 정도로 저렴했는데, 자원봉사자가 많다 보니 가능한 것 같다"고 했다. 내가 그간 걷기여행을 하며 지출한 것에 비하면 25~40%에 불과한 저렴한 가격이었다. 한 가지 의견도 냈는데, '우리 중앙정부도 국비를 지원하고 지방자치단체와 함께 공립시설을 운영해야 한다'는 것이다.

우리나라도 몇 년 전부터 한반도 남녘 둘레 4,500㎞를 하나로 잇는 걷기여행길인 '코리아 둘레길'을 추진하고 있다. 동해안 '해파랑길', 남해안

'남파랑길', 서해안 '서해랑길' 그리고 휴전선을 따라가는 'DMZ 평화의 길'이 그것이다.

하지만 아무리 좋은 길을 만들어도 잘 곳이 부족하거나 없다면, 동네 주민이나 어쩌다 여행 온 사람들이 잠시 이용하는 정도 역할 외에 기대할 수 없을 것이다. 중앙정부와 지방자치단체가 협력하여 시범 시설을 다수 만들고 확산시킬 필요가 있을 것 같다. 은퇴 인력을 자원봉사자로 활용한다면 비용 절감에도 도움이 될 뿐 아니라, 노인 일자리 창출에도 기여할 수 있을 것이다.

어느덧 해남터미널에 도착했다. 멀리 가야 하는 친구를 먼저 보낸 후 버스를 타고, 자동차전용도로라서 걸을 수 없는 완도대교를 지나 군외면 원동리 숙소로 갔다.

오늘 할 일을 내일로 미루지 말라

- 2019년 10월 24일

- 전국걷기여행 84일차(전남·광주지역 16일차)

- 완도군(원동리)→완도읍 26㎞

오전 7시 10분 원동리 숙소를 나섰다. 어제 미리 와 둔 덕분에 바로 걷기를 시작할 수 있으니 한결 마음이 가볍다. 내가 걷기여행을 하면서 터득한 노하우가 하나 있는데, '오늘 할 일은 무슨 일이 있어도 오늘 처리하고, 나중에 할 일도 가능하면 미리 해두는 것이 좋다'는 것이다. 걷다가 문제가 없으면 다행이지만, 현실은 예상치 못한 난관이 수시로 기다리고 있어 갑자기 힘들어질 수도 있는데, 미리 하면 그만큼 부담이 줄어들고 마음도 가볍다. 그리고 그에 따라 성공적인 걷기여행의 토대라고 할 수 있는 '멘탈' 관리도 그만큼 수월해지기 때문이다. 완도읍 장좌리 마을을 지나니, 옛날 해상왕 장보고의 본거지인 청해진이 있었던 곳이라는 사실을 상기시키기라도 하듯, 장보고 기념관과 동상이 눈에 들어왔다.

모란 밭 오찬

- 2019년 10월 29일

- 전국걷기여행 85일차(전남·광주지역 17일차)

- 해남군→강진군 29㎞

지난주에는 친구 아들 결혼식 참석을 위해 수원 자택에 다녀왔다. 어제 수원에서 떠날 준비를 하는데, 갑자기 허리에 통증이 느껴지는가 싶더니 나중에는 제대로 펼 수도 없었다. 해남터미널에 내릴 때는 몸을 버스 손잡이에 의지하며 겨우 내렸다. 아침에 일어나서 허리를 돌려 보니 많이 나아진 것 같았다. 하지만 샤워를 하다 재채기가 나왔는데, 순간 "윽" 소리와 함께 주저앉고 말았다. 나아진 게 아니라 숨어 있었던 것이다.

오전 7시 해남 숙소를 나섰다. 강진군청을 거치고, 옆에 '김영랑 시인' 생가가 있어서 들렀다. 생가 뒤편에 그의 시 '모란이 피기까지는'에서 착안한 '모란밭'이 있어 올라갔다. 누군가가 "식사 같이 합시다."라며 소리쳤다. 고개를 돌려보니, 할머니 둘이 정자에 앉아 도시락을 꺼내 식사를 준비하며 청한 것이었다. 덕분에 화려하지는 않지만 특별한 '모란밭 오찬'을 즐길 수 있어 행복했다. 할머니들은 "내가 먹을 복이 있어 먹게 된 것"이라고 했다. 오늘은 '복' 받은 날이다.

어젯밤에도 허리통증으로 꽤 고생했다. 영상 편집을 시작할 때만 해도 참을 만했지만, 마치고 일어서려는데 허리를 펼 수가 없었다. 책상을 붙들고 '씨름'하다시피 하며 10여 분 후 간신히 일어섰다. '앉으면 일어서기 힘들고, 일어서면 앉기 어려운' 상태가 된 것이다. 오전 8시 30분 강진 숙소를 나섰다. 한 친구로부터 전화가 걸려왔다. 허리통증이 염려되니 여유 있게 일정을 편성해 쉬엄쉬엄하는 게 좋겠다는 것이었다. 그리고 전국걷기여행을 시작하게 된 경위를 물었다.

21세기가 시작되던 2001년 어느 날 내 취미생활에 대해 생각할 기회가 있었다. 바둑이나 독서 같은 정적인 활동에만 편중되어 있어, 동적이면서도 지연과 함께하는 활동이 필요하다는 결론에 도달했다. 그 후 무작정 걷기운동을 시작했다. 처음에는 집 주변 위주로 걷다가, 2005년부터는 생활권 주변 수변길 등을 택해 주말에 혼자 걸었다. 2010년부터는 10여㎞ 떨어진 직장까지 걸어서 출퇴근하기도 했다. 2015년에는 직장 관계로 전북 완주에서 1년간 혼자 생활할 기회가 있었는데, 걷기에 본격적으로 몰입한 시기였다. 그해 가을에는 인터넷카페 걷기동호회가 주최한 '울트라 도보대회'에 참가해 한강변 100㎞를 걸은 적도 있었는데, 최종목적지에 도착하니 황당하게 나보다 앞서 도착한 사람이 없다는 사실을 발견했다. 이를 계기로 내 걷기능력에 대한 자신감을 갖게 되었고, '전국걷기여행'을 '버킷리스트'로 간직하였다. 그리고 2019년 6월 드디어 떠나게 된 것이다.

난방까지 참견하고 방해하다니

- 2019년 10월 31일
- 전국걷기여행 87일차(전남·광주지역 19일차)
- 장흥군→보성군 24㎞

오전 7시 10분 장흥 숙소를 나섰다. 어제 숙소에서 영상 작업을 하는데 방 안이 추웠다. 실내 온도를 조절하는 버튼은 있지만, 작동이 되지 않았다. 프런트에 문의하니 "프런트에서 난방을 틀어주겠다"고 했다. 30여 분 지나니 온기가 돌기 시작했다. 자는데 다시 한기가 느껴졌다. 프런트에 전화하기 위해 일어서려는데 허리 때문에 고통스러웠다. 시계를 보니 새벽 3시였다. 인터폰으로 춥다고 했더니, 덥다는 사람들이 있어 잠시 꺼놨다며 다시 틀어주겠다고 했다. 잠이 달아나서 눈만 감은 상태로 있다가 새벽 5시가 넘어 겨우 잠들었다. 오전 6시 알람소리에 다시 잠을 깼는데, 제대로 못 자서 몸이 무겁다.

생각해 보니, 10월에 접어들며 숙소 난방 때문에 고생하는 날이 많아졌다. 난방비 절약을 위해 난방기를 '중앙집중식'으로 관리하는 업소들이 있었는데, 관리를 소홀히 하는 경우도 있고, 경비를 절약하기 위해 난방 시간을 줄이거나 초저녁에만 가동하고 바로 꺼놓는 업소도 있어, 추위에 떨며 자는 때가 적지 않았다. 사람이 하는 일이니 어쩌다 실수한 것은 이해가 되지만, 고객은 배려하지 않고 돈을 아낄 궁리만 하는 사업주라면 용서할 수가 없다. '숙박업소의 기본이라고 할 수 있는 난방까지 참견하고 방해하다니….' 어제 처음 방문하며 받은 장흥의 아름다운 이미지가, 불편한 숙박업소의 이미지와 교차하며 퇴색되는 느낌이었다. 어떤 훌륭한 국회의원 님(?)께서 '숙박업소의 중앙집중식 난방관리 금지법'이라도 발의하면 좋겠다는 황당한 상상을 해본다.

꼬부랑 할머니

- 2019년 11월 1일

- 전국걷기여행 88일차(전남·광주지역 20일차)

- 보성군(보성읍)→보성군(벌교읍) 35㎞

오전 6시 30분 보성읍 숙소를 나섰다. 국도를 걷다가, 허리 굽은 할머니 한 분이 걸어가는 것이 보였는데, 많이 힘 드는 듯 30여 미터마다 쉬어가고 있었다. 그야말로 '꼬부랑 할머니'였다. 내가 방금 전까지 허리통증으로 불편하다고 생각했는데, 그 모습을 보니 나는 아픈 사람도 아니었다. 할머니는 걷는 나를 보고 '젊은 사람이라 힘이 좋아 펄펄 날 듯 가고 있다'고 느꼈을 것 같다.

시골지역을 걷다 보면, '허리가 심하게 굽거나 다리가 오(O)자로 휘어진 노인'들이 도시와는 비교할 수 없을 만큼 많이 보인다. 새벽부터 하루 종일 논밭에서 쭈그리고 앉아 일하는 모습도 많이 볼 수 있으니, 일종의

'직업병'인 셈이다. 기계화가 많이 진행되었다고는 하나 여전히 사람이 할 수밖에 없는 영역이 많으니, 앞으로 50여 년쯤 더 지나면 모를까 현재로선 어쩔 도리가 없는 듯하다.

동전이, 세상에나

- 2019년 11월 2일

- 전국걷기여행 89일차(전남·광주지역 21일차)

- 보성군(벌교읍)→고흥군→벌교읍 41㎞

오전 6시 30분 벌교 숙소를 나섰다. 동전이 나타났다. 어제까지 4일 동안이나 매일 두 개씩 주워 오늘은 확률상 어렵다고 생각했는데, 예상이 빗나갔다. 얼마 지나지 않아, 이번에는 수시로 동전이 보였다. 그리고 다음에는 '동전밭'으로 불러노 부방할 만큼 많이 있는 곳이 나타났다. 어렸을 때 꿈속에 동전을 열심히 줍다가 깨고 나면 '꿈'이라는 것을 알고 아쉬워했는데, 지금 내가 그 꿈을 꾸고 있는 것 같다. 그 한 곳에서만 주운 게 14개나 되었다. 그 곳을 지나서도 동전은 계속 발견되었다. 숙소에 도착해서 모두 세어 보니, 기가 막히게도 100원짜리 10개, 10원짜리 20개를 주워, 자그마치 총 30개였다.

어제 영상을 본 한 친구는 도로변 동전들 출처가, 보행자가 실수로 떨어뜨린 것이 아닌, 누군가 차창에서 일부러 버린 것이 분명하다고 했다. 국민 혈세로 만든 동전을 버려서 흙속에 묻히게 하는 것은 국가적 손실이 아닐 수 없다. 행여나 학생들이나 젊은층이 동전을 길가에 버리며 행운을 기원하는 잘못된 문화라도 있다면, 국가가 나서 의식을 바꾸도록 교육하고 계도해야 할 것 같다. 인터넷에 찾아보니, 2010년 은행에서 수집한 10원짜리 동전을 녹여 판 일당을 '폐기물 무단투기' 혐의로 입건했다는 뉴스도 있었는데, 경찰은 '동전을 녹이는 행위'는 처벌규정이 없어 '폐기물 무단투기' 부분만 입건했다고 한다. 처벌규정도 만들어야 할 것 같다.

내가 나를 모르는데 내 아이들을 어찌 알겠어
- 2019년 11월 3일
- 전국걷기여행 90일차(전남·광주지역 22일차)
- 보성군(벌교읍)→순천시 25㎞

오전 7시 20분 벌교 숙소를 나섰다. 어젯밤에도 허리통증 때문에 잠을 제대로 자지 못해 머리가 무겁다. 통증이 생긴 지 한 주나 지났지만 나을 기미가 없다. 결국, 순천까지만 걷고 치료를 위해 집에 다녀오기로 했다.

'순천만국가정원'과 '순천만습지'를 알리는 홍보물이 많이 보인다. 2015년 순천만을 방문한 적이 있었는데, 끝없이 펼쳐지는 갈대숲의 아름다움에 매료되었다. 자연이 베푼 바다와 갯벌, 황금빛 갈대습지가 만들어 내는 하모니에는 탄성을 멈출 수가 없었다. 바람에 흔들리며 토해내는 갈대들의 환호성도 잊히지 않는다. 걷다가 운이 좋으면 가끔은 '만약 천국이 있다면 바로 이런 모습이 아닐까?' 하는 상상에 젖을 때가 있는데, 그 느낌을 처음으로 받은 곳이 순천만습지였다.

순천시청을 거쳐 터미널에 도착하고 인근 식당에서 식사를 마치니 오후 1시였다. 정안 환승터미널을 거쳐 수원에 도착했을 때에는 오후 9시나 되었다. 마지막으로 집에 가는 버스를 타기 위해 정류장으로 갔는데, 체코 소설가 밀란 쿤데라의 글이 눈에 들어왔다. "내 아들 가장 가까운 존재, 그 애가 그 애인지 알 수가 없다." 그래, 맞는 말이다. 내가 아직 나를 모르는데, 같이한 지 30년도 채 되지 않은 내 아이들을 어찌 알겠어.

6. 몹쓸 '코로나19 바이러스' 이놈!

진정될 때까지 쉬어갈 수밖에

- 2020년 2월 14일
- 모두가 마스크를 쓰는 희한한 세상

허리통증 치료를 위해 귀가한 지도 어느덧 3개월여가 지났다. 통증이 낫기까지는 한 달도 더 걸렸다. 완치 후 바로 이어 걸으려고 했지만, 연말이다 보니 각종 모임과 행사가 며칠 간격으로 빼곡히 차 있었다. 그리고 문제가 하나 더 있었다. 겨울철 도로 면에 눈이나 습기가 얼어붙어 얇은 얼음 층을 만드는 '블랙아이스(Black Ice)'현상인데, 12월에 접어드니 전국적으로 이로 인한 교통사고 소식이 끊이지 않았다. 내가 주로 걷는 길이 차량 통행 빈번한 '국도'인데, 미끄러지는 차가 나를 향해 달려온다면 '그날의 운수'에 맡기는 것 외에 선택의 여지가 없을 것이다. 아쉽지만, 날씨가 풀리는 3월에 걷기로 마음먹었다. 그런데 또 다른 복병이 나타났다. 중국 우한에서 시작된 코로나19 바이러스가 1월부터 확산되더니 급기야 우리나라도 환자가 발생하고, 정부는 우리 교민들을 전세기로 긴급 귀국시키는 사태로까지 이어졌다. 결국 다시 미룰 수밖에 없게 되었다.

금쪽같은 내 새끼, 손주가 태어났다

- 2021년 6월 1일
- 출생이 아니라 '탄생'이야

코로나가 풀리기기를 고대하며 지루하게 지나가던 중 보저럼 경사가 찾아왔다. 손주가 세상에 나온 지 100일째 되는 날이다. 손주가 태어난 후로는 수시로 손주 얼굴을 머릿속에 떠올리곤 하는데, 그때마다 기분이 좋아진다. 세상에 회자(膾炙)되는 '금쪽같은 내 새끼'란 말뜻이 이제야 이해되는 것 같다. 3년 전 혼인한 딸이 "아기는 천천히 낳겠다"고 해 늘 걱정이었는데, 작년 봄 임신했다는 소식을 듣고 기뻤다. 딸이 알려준 대로 스마트폰에 출산육아용 앱을 깔고 매일 태아 성장 정보를 공유하며, 태어날 날을 손꼽아 기다렸다. 그리고 드디어 지난 2월 22일 오후 2시 건강한 사내아이가 태어났다. 요즘 아기 성별에 큰 의미를 두지 않기는 하지만, 그래도 사돈댁 어른들이 맘 든든하게 생각하실 것 같아 뿌듯하다.

출산 며칠 후 출생신고를 했다고 알려왔다. 이름은 '세상에 두루 큰 인물이 되라'는 뜻을 가진 '우주(旴周, 클 우, 두루 주)'로 지었는데, 임신 초기 딸 내외가 지어 주었던 태명(胎名)을 그대로 쓴 것이다. 성은 당연히 아비(사위)를 따라 '양천(陽川) 허(許) 씨'이다. '허우주', 좋은 이름이다. 출산한 병원의 이름은 '시온(Zion)'이고, 이어서 간 산후조리원 이름은 '샤론(Sharon)'이었다. 시온은 이스라엘 예루살렘에 있는 언덕인데 유대인들이 영원한 마음의 고향으로 믿는 곳이고, 샤론은 다윗왕의 목장이 있던 비옥한 땅이다. 산후조리원 입구에는 빨간 고추와 숯, 솔잎을 끼운 새끼줄이 달려 있었다. 예전에 '금줄(禁-)'이라 불리던 건데, 아기 낳은 집 대문에 걸어놓고 외부 사람이 오면 귀신이 노해 아기에게 해를 끼친다며 출입을 금했던 어릴 적 기억이 떠오른다.

얼마 전 TV에서 한 지방자치단체가 특색사업으로 출생신고를 할 때 '탄생축하카드'를 보내준다는 뉴스를 본 적이 있었다. 이상한 일이다. '탄생'이 아닌 '출생'을 신고한 것인데, 출생축하카드 아닌 탄생축하카드를 주다니…. 사전에 찾아보니, 출생(出生)은 '태아가 모체를 떠나 태어나는 일', 탄생(誕生)은 '귀한 사람이나 높은 사람의 태어남을 높여 이르는 말'이라고 되어 있다. 요즘처럼 우리나라가 세계 최저 출산율과 인구 감소를 심각하게 우려하는 시대에, 마인드를 전환하여 '출생' 용어를 아예 '탄생'으로 바꿔 사용하면 어떨까. 우선 1차적으로 '출생신고'를 '탄생신고'로 개선하는 것도 좋을 것 같다. 금쪽같은 아기들이 태어난 것을, 말로는 듣기 좋게 '(고귀한)탄생'으로 높여 부르면서 법적으로는 '(평범한)출생'으로 처리하여, 요즘 그 흔한 '애견등록'의 격과 크게 다르지 않은 정도로 취급하는 것은 '인간의 존엄성' 측면에서도 옳지 않다. 최근 반려동물 문화 확산에 따라 사람들이 애완동물을 '아기', 자기 자신은 그 애완동물의 '엄마·아빠'로 부르며 마치 인간의 친 가족처럼 대하고, 값비싼 애완용품·

사료, 전용 카페·놀이터는 물론이고 심지어 전용 장례식장·납골당에 이르기까지 인권(人權)에 버금갈 정도로 커져만 가는 견권(犬權, ?)·묘권(猫權, ?)을 보고 있노라면 더더욱 그러하다. '만물의 영장'인 인간을 말 그대로 '개 같은(?) 존재'로 만들어서야 되겠는가.

얼마 전 동남아 국가인 미얀마에서는 불법 군사쿠데타에 대항하여 수백만 명이 참여하는 시민궐기가 있었는데, 2021년 2월 22일 오후 2시에 시행된 것에 착안하여 '22222 혁명'으로 불렀다고 한다. 신기하게도 우주가 태어난 때와 같은 시각이다. 미얀마 시민궐기가 '22222 혁명'이라면 우주가 태어난 건 '22222 탄생'인 셈이니, 우리 우주가 장차 세계적인 '민주투사'라도 되려나….

'삶의 지혜'를 찾아
- 2021년 12월 31일
- '젊은 세대들의 생각'과 '잘 늙어가는 법'을 공부해 보니

코로나로 집에 갇혀 있는 동안 시간을 어떻게 사용할지 고민하다, '삶의 지혜'를 주제로 정하고 '요즘 젊은 세대들의 생각'과 '잘 늙어가는 법' 등 두 가지를 공부하는 기회로 삼기로 했다.

'젊은 세대들의 생각'을 공부하기 위해서는 다양한 TV 드라마와 영화를 보았는데, 특히 남녀 간 호칭 문제로 많은 공부가 되었다. 부부 또는 연인 간 상호 호칭을, 상대가 동년배이거나 연하인 경우 스스럼없이 '이름'을 부르고, 어린 아내는 연상의 남편을 '오빠'로 부르고 있었다. 어린

남편이 연상 아내를 '누나'로 부르기도 했고, 때로는 상대방 나이에 관계없이 서로 '너'로 불렀다.

몇 년 전 혼인한 큰딸 부부와 조카 부부 내외가 모두 동갑이었는데, 평소에 서로 이름을 부르고 '너, 나'로 호칭해서 존중하지 않는 것 같아 늘 걱정이었다. 그런데 이제야 이유를 알 것 같다. 내 딸 부부나 조카 부부만 그런 게 아니라 요즘 젊은 세대 모두가 그런 것이었다. 모두 그렇다면 탓하기보다는 일종의 '문화'로 이해하고 받아들이는 편이 현명한 것 같다.

시대는 끊임없이 변하고 그에 따라 사람들의 가치관이나 판단 기준도 달라지므로, 어떤 사람이 적절하게 행동했는지 여부 판단은, 옳고 그름에 관계없이 행동 당시의 시대 기준에 따르는 것이 당연하다. 하지만 한편으론, 매일 마누라 폭풍 잔소리를 들으면서도 꿋꿋이 살아가는 우리 사위를 볼 때마다 '어쩌다가 요즘같이 남자들 살기 어려운 세상에 태어나 고생이 많다'는 연민의 정이 느껴지는 것을 보면, 역시 나는 어쩔 수 없는 '구세대'인 것 같다.

'잘 늙어가는 법'을 공부하기 위해서는 올해 102세 되신 철학자가 쓴 책 『백년을 살아보니』(김형석, 2016)를 읽어보고 강의도 인터넷에서 찾아 들어보았는데, 다음 세 가지가 특히 마음에 와닿았다. 첫째, "인생 황금기는 60세에 시작되어 75세까지 이어지는데, 배움과 일, 취미생활 등 관리하기에 따라서는 90세까지도 계속될 수 있다."라는 것이다. 둘째, "사람이 무작정 오래 사는 것보다는, 다른 이들에게 작은 도움이라도 줄 수 있을 때까지 사는 것이 좋다."는 것이다. 셋째, "아무 일도 없이 노년기를 보내는 사람은 불행하다."는 것이다.

피천득 작가의 글 「수필」에, "수필은 청자연적(靑瓷硯滴, '연적'은 먹을 가는 데 쓰는 물통)이다."라는 문장이 나온다. 내가 특별히 좋아하는 글 중 하나이다. 나는 청년시절 '수필은 청자연적이지만, 인생이기도 하다'고 믿었다. 마음 가는대로 쓰는 것이 수필이고 각자 원하는 방식대로 살아가는 것이 인생이긴 하지만, 방향(芳香) 있는 수필과 청자연적의 꽃잎처럼 '균형 속 거슬리지 않는 파격'이야말로 지혜로운 삶의 자세라고 생각했다. 내가 청년 시절에 그러했듯, 이제 환갑을 지나 '인생 황금기'와 함께 또 다른 '파격'을 추구하며 기꺼이 미래를 맞이하고 싶다.

"미래여, 어서 오시게나!"

아름다운 광교호수공원 수변길
- 2022년 6월 20일
- 매일 아침 '우주 코스'

전국걷기여행이 중지되고 집에 있는 동안, 수시로 집 주변 하천 길을 따라 걷곤 했다. 우리 집이 있는 수원 광교신도시는 수변길이 환상적으로 아름다운 광교호수가 있고, 수도권 지역에서는 나름 생활권 등산코스로 이름난 광교산도 가까워, 걷기운동을 즐기기에 더없이 좋은 지역이다. 평소 호젓한 분위기를 선호하는 나는, 광교호수의 물길이 흐르는 지방하천인 '원천리천'을 따라 하류 쪽으로 갔다가 돌아오는 길을, 마치 내 전용코스라도 되는 것처럼 거의 매일 반복적으로 애용하게 되었다. 나는

이 길을, 손주가 태어나고부터는 손주 이름을 따서 '우주 코스'로, 세상에서 나 혼자 사용하는 신조어이기는 하지만, 부르고 있다. 집에서 반환점까지 거리가 8㎞이고 돌아오면 총 16㎞를 걷게 되는 셈인데, 신기하게 출발 후 2㎞ 지점부터는 매 1㎞ 지점마다 주요 지형지물들이 있어, 지날 때마다 반갑게 맞아주는 듯 하고 운치도 느껴진다.

집을 나서면 신대호수의 멋진 장관이 펼쳐진다. 20여 분가량 걸으면 2㎞ 지점에 하늘전망대가 나타난다. 이어서 원천호수 옆 물길을 따라 내려가면 3㎞ 지점에서 원천3교 다리를 거치고, 4㎞ 지점에서 42번국도 일부인 원천교의 밑을 통과한다. 계속해서 산드레미교를 거치고 나면, 5㎞ 지점에 원천1교와 원천2교 다리가 나타나고, 삼성전기 정문으로 향하는 삼성교를 거치면 6㎞ 지점에 삼성전자 정문으로 통하는 삼성중앙교 다리가 기다린다. 7㎞ 지점에는 매여울교가 있고, 백년교와 소망교회, 지혜샘어린이도서관을 거치면 8㎞ 지점에 곡반정교가 나오는데, 이곳을 반환점으로 삼아 다리를 통해 하천을 건넌 후 역순으로 돌아오게 된다.

매일 아침 곡반정교를 돌아오다 보니 마주치는 길들과 지형지물들이 한 폭의 그림처럼 내 머릿속에 각인되었고 오랜 벗처럼 친근하다. 백년교를 지날 때마다 내 수명이 늘어나고, 소망교회에서는 소원을 이루며, 지혜샘어린이도서관에서는 '삶의 지혜'를 보너스로 얻어가는 듯해 즐겁다.

7. 전라남도·광주시 지역(2차)

'복귀 신고' 치고 너무 빡센 거 아냐

- 2022년 7월 14일
- 전국걷기여행 91일차(전남·광주지역 23일차)
- 순천(터미널)→순천(풍덕동) 2㎞
- 순천(풍덕동)→여수 30㎞, 대중교통(순천 장천동 숙소)

오전 5시 순천 숙소를 나섰다. 코로나19 바이러스로 중지한 지 2년 반이 지나, 걷기여행에 복귀하니 반갑다. 내가 남자라 잘 모르기는 하지만, 옛날 혼인한 여성들이 오랜만에 친정 갈 때 딱 이런 기분이었을 것 같다. 일기예보는 새벽녘에만 비가 조금 오고 하루 종일 갠다고 했지만, 출발하고 얼마 지나지 않아 빗방울이 떨어지더니, 어느새 소나기로 변해 퍼붓듯 쏟아진다. 우산을 썼지만 비가 워낙 많이 오다 보니 신발 안까지도 다 젖어 걸을 때마다 질퍽거린다.

오후가 되니 언제 그랬냐는 듯 비가 그치고 불볕더위가 이어졌는데, 숨이 턱밑까지 차올랐다. 내가 잠자리가 바뀔 때면 늘 그랬듯, 어젯밤에도 잠을 설친 탓에 컨디션이 좋지 않다. 여수시청에 도착했을 때는 체력이 급격히 떨어져 기진맥진했다. 어찌나 힘들었던지, '이런 상태로 걷기여행을 계속하는 것은 무리이니 일단 귀가하고, 어느 정도 시원한 바람이 불 때 다시 시작해야 하는 것은 아닐까?' 하는 회의감마저 들기도 했다.

　　오전 5시 장천동 숙소를 나섰다. 어젯밤 순천에서 광양을 가는 동선을 정하기 위해 지도 앱으로 검색했는데, 도보로 지정하면 33㎞, 자전거로 지정하면 25㎞가 나왔다. 자전거로 지정하는 것이 거리가 10%~20% 늘어나는 게 보통인데, 특이한 경우였다. 그런데 오늘 걸어보니 이유를 알 수 있었다. 광양시에서 조성한 자전거 길이 직선으로 만들어지다 보니 가깝게 된 것이었다. 산과 하천이 멋지게 어우러진 길을, 때로는 키 큰 나무들이 무성한 사이에 '굴'처럼 형성된 그늘에서 걸을 수 있었는데, 내가 만난 길 중 거의 최고로 꼽을 만큼 환상적이었다.

자전거 길을 지나니 지독한 뙤약볕 길이 이어졌다. 2019년에 걸을 때도 한여름이었지만 더위가 이 정도로 지독하지는 않았던 것 같다. 광양시청이 가까워졌다. 도로 아래쪽으로 내려가야 하는데, 길이 보이지 않았다. 30분 가까이 칡넝쿨과 가시나무를 헤치고 나서야 어렵게 갈 수 있었다.

작전상 쉬어가자
- 2022년 7월 16일
- 전국걷기여행 93일차(전남·광주지역 25일차)
- 곡성군(곡성읍)→곡성군(오곡면) 16㎞

오전 7시 곡성읍 숙소를 나섰다. 섬진강 자전거 길을 따라 걷는 길이라 내심 편안한 환경을 기대했지만, 햇볕을 정면으로 마주하며 가는 방향이다 보니 뙤약볕 길이 적지 않았다. 하지만 오늘은 16㎞ 정도만 걸으면 되기 때문에 부담은 크지 않다. 발바닥 물집이 점점 심해진다. 어제 좌측 엄지발가락 옆과 우측 새끼발가락 부위가 불편했는데, 오늘은 발바닥 뒤꿈치와 옆 부위까지 확대되었다. 잠시라도 쉬었다 걸으면 더 고통스럽다. 다행히 10여 분정도 참고 걷다 보면 '마취'라도 된 듯 견딜 만해지기도 한다. 걷기여행 복귀 후 며칠 지나지도 않았는데 벌써 몸 여기저기가 불편하니, 앞으로가 더 걱정이다. 뙤약볕에 아스팔트 길을 홀로 걷다 일사병이나 열사병에 걸리기라도 하면 도와줄 사람이 없는 것도 염려된다.

걷기에만 힘들게 몰입하다 보니 마음의 여유가 없는 것도 문제이다. 고민 끝에 몸이 어느 정도 적응될 때까지 강도를 조절하며 진행하기로 했다.

사랑은 감출 수 없지만, 재채기는 감춘다
- 2022년 7월 17일
- 전국걷기여행 94일차(전남·광주지역 26일차)
- 곡성군(오곡면)→구례군 14㎞

오후 5시 오곡면 숙소를 나섰다. 버스정류소에서 쉬어 가는데, 어느 부부의 대화가 귀에 들어왔다. "코로나로 세상이 많이 변했다."는 것이다. 나도 적지 않은 변화를 겪었다. 전국걷기여행을 중지할 수밖에 없었고 61세였던 나이는 64세가 되었으며, '성대폴립' 수술을 받기도 했다.

나는 황사나 먼지, 꽃가루에 알레르기가 심한 특이체질을 가지고 있다. 환절기, 특히 봄철에는 그 정도가 더욱 심해져 재채기와 콧물로 거의 울며 지내다시피 한다. 그럴 때마다 반복되는 재채기 소리는 어찌나 큰지, 옆에 있던 사람들이 깜짝 놀라기도 했다. 담당의사는 '장담할 수는 없지만, 큰 재채기 소리가 성대를 상하게 했고 반복되며 성대폴립으로 악화되었을 수도 있다'며, "재채기를 조심하는 게 좋겠다"고 덧붙였다. 난 감했다. "서양 속담에 '사랑과 재채기는 감출 수 없다'는 말도 있듯 재채기는 어찌할 수가 없는 것인데, 조심한다고 가능한 건가…."

하지만 의사 말이니 선택의 여지가 없었다. 그 후 며칠 동안 연습을 열심히 한 결과, 드디어 재채기 소리를 획기적(?)으로 줄이는 데 성공했다. 억지로 참으며 숨을 요령껏 내쉬니 가능했던 것이다. 좀 더 정숙이 필요한 경우에는, 더 어렵고 덜 시원하기는 하지만, '하품'으로 전환하는 요령도 체득하게 되었다. 그 후로는 내가 재채기할 때 아무도 놀라지 않게 되었다. 서양 속담을, '사랑은 감출 수 없지만, 재채기는 감춘다.'라고 바꾸는 것이 맞겠다는 생각도 하게 되었다.

전남 · 광주 지역 걷기일정을 마무리했다. 26일간 2개 시 · 도청과 27개 시 · 군 · 구청을 순회하며 800㎞를 걸었다. 총 누적거리는 3,082㎞가 되었다.

8. 경상남도 지역

걸 어 서 코 리 아

오전 5시 구례 숙소를 나섰다. 그제 이어 어제도 구례읍에서 하루를 더 묵으며 발바닥 물집 치료차 병원에 다녀왔는데, 덕분에 상태가 많이 좋아졌다. 어제는 큰딸 생일이기도 했다. 내가 외아들이다 보니, 딸이 태어났을 때 가족 전체가 축제분위기였다. 아들을 선호하던 당시 사회적 분위기 때문에 홀대받았을 법도 하지만, 부모님들은 그저 '손주'만을 손꼽아 기다리셨던 터라 문제가 되지 않았다.

딸이 태어나 한 달가량 지났을 때 내가 직접 품에 안고 부천 성주산 정상을 올랐고, 조금 더 커서는 천안 독립기념관, 용인 에버랜드, 수원 광교산 등 온갖 좋은 곳은 다 데리고 다녔다. 극성스런 '조기 현장교육'인 셈이었다. 나는 딸을 '입분'이란 애칭으로 부르기도 했는데, '이쁜'을 재미있게 변형한 것이다. 옛날 아기를 낳으면, 급한 대로 '간난이', '막동이', '이쁜이' 등으로 부르고, 출생신고 할 때는 한자만 추가하여 간란(看蘭), 막동(莫同), 입분(粒芬) 등으로 신고하는 경우가 많았다. '입분이'는 어느덧 32살 성인이 되었다. 몇 해 전에는 키 크고 잘생긴 청년을 남편으로 맞이해 혼인도 했고, 귀여운 아들도 낳았다. 내 딸이 '어진 아내', '현명한 어미', '책임 있는 사회인'으로서 평생토록 건강하고 행복한 삶을 누리기 바란다.

오전 5시 화개면 숙소를 나섰다. 요즘 내가 컨디션 조절을 위해서 하루에 걷는 거리를 가급적 20㎞ 이내로 하고, 새벽에 출발해서 목적지에는 이른 오전시간대에 도착하는 전략이 꽤 효력을 발휘하는 듯하다. 구례에서 하루 더 머물며 쉰 데 이어, 화개면에서도 숙소에 일찍 입실해 충분히 휴식을 취한 관계로 몸 컨디션이 좋다.

일찍 출발하니 더운 시간대를 피해 걷게 되어 좋기는 하지만 애로사항도 있었는데, 숙소 측과 사정 내지는 협상을 통해 입실 가능시점을 최대한 앞당겨야 한다는 것이다. 내가 원하는 대로 받아들여져 도착하는 즉시 입실할 수 있으면 좋지만, 시간이 남는 경우 그때까지 적절한 활용방법도 고민해야 한다. 모텔보다 불편하기는 하지만, 때로는 여관이나 여인숙에서 숙박하는 것도 '대안'이 될 수 있다. 모텔은 '대실 손님'을 받기 위해 입실시각을 지연하는 경우가 많은 데 비해, 여관이나 여인숙은 대실 수요가 거의 없다시피 하기 때문에 그 부분은 상대적으로 자유롭다.

오전 5시 하동읍 숙소를 나섰다. 어제는 숙소를 모처럼 '여관'으로 예약해 도착하는 즉시 입실할 수 있어 좋았지만, 사용은 꽤 불편했다. 내부가 담배냄새에 얼마나 찌들었는지 하나같이 샛노랗게 변해 있었다. 머리카락이 여기저기 쌓여 있는 게, 청소한 지 한 달은 지난 듯했다. 목재로 된 화장실 문은 거무튀튀한 곰팡이가 피어 있었다. 전등 스위치를 몇 번이나 올렸지만 반응이 없다가 10여 회 만에 어렵게 켜졌다. '접촉 불량'이었다.

전국 각 지역들을 다니다 보면 방문하는 지역마다 그 지역 특유의 인상이 머릿속에 '각인'된다는 느낌을 받는다. 그 인상은 노시기반시설과 숙박

업소, 식당으로부터 받은 느낌이 핵심인데, 그중 숙박업소와 식당이 각각 30% 쯤은 차지하는 것 같다. 우선은 도시기반시설에 눈이 가지만, 아무리 멋지게 잘 만들어져 있어도 식당이나 숙박업소 서비스가 미흡하면 좋지 않은 인상으로 남게 된다. 외교관의 활동이 자기 나라 이미지에 큰 영향을 끼치듯, 지방에는 식당과 숙박업소가 지역 외교관인 셈이다.

진인사 대천명
- 2022년 7월 22일
- 전국걷기여행 98일차(경남지역 4일차)
- 하동군(금남면)→남해군(남해읍) 20㎞
- 하동군(하동터미널)→숙소(하동읍) 2㎞

어젯밤 에어컨을 틀고 자다가, 추워 잠을 깼다. 에어컨을 끄고 화장실에 다녀오니 잠은 더 이상 오지 않았다. 바로 일어나서 떠날 준비를 하고, 오전 3시 40분 금남면 숙소를 나섰다.

어제 모처럼 숙소다운 숙소에서 편하게 잘 쉬었다. 요금은 5만 원이었는데 주인과 협상을 잘한 덕분에 도착 즉시 입실할 수 있었다. 청결하고 편리해 '호텔'로 불러도 부족함이 없다는 생각이 들 정도였다. 하동읍 여관에서 받은 불편했던 이미지가, 같은 하동 지역인 금남면 모텔에서 받은 좋은 이미지로 한 순간에 사라진 것 같았다.

남해군청을 경유한 후, 코스 중복을 피해 버스를 타고 진교터미널을 거쳐 하동읍 숙소에 도착했다. 그제 머문 여관도 가까이 있었는데, 마침 바지와 티셔츠를 두고 온 게 생각나 바로 찾을 수 있었다. 걷기여행 중에는 자리를 뜨기 전 몇 번이나 확인하는 것이 습관이 되었는데도 여전히 실수하는 것을 보면, 기계 아닌 인간으로서의 한계 같기도 하다. 내 좌우명인 '진인사 대천명(盡人事 待天命)'처럼 최선을 다해 챙기고, 결과는 그날의 운세에 맡기는 수밖에 없다.

날파리들 '단체 시위'하는 날

- 2022년 7월 23일

- 전국걷기여행 99일차(경남지역 5일차)

- 하동군(하동읍)→하동군(진교면) 23㎞

오전 5시 하동읍 숙소를 나섰다. 누적거리 3㎞를 지날 즈음 어디선가 나타난 날파리들이, 걷는 대로 계속 따라오며 얼굴 주위를 맴도니 꽤 성

가시다. 생각해 보니, 출발할 때 모기퇴치제 뿌리는 것을 잊은 게 원인이었다. 잠시 멈춰 퇴치제를 몸 전체와 배낭 등 곳곳에 뿌리고 나서, 다시 걷기 시작했다. 좀 나은 듯하더니 30여 분 지나자 다시 날파리들이 많아지기 시작하고, 30여 분이 더 지났을 때는 퇴치제를 안 뿌렸을 때보다도 더 심해졌다.

누적거리 10㎞가 가까워질 무렵 구불구불한 오르막길이 시작되더니 30분가량 이어졌다. 고개 정상에서 잠시 쉬어가려고 앉았는데, 날파리들이 더욱 극성이었다. 결국 물만 마신 상태에서 바로 내려갈 수밖에 없었다. 오늘은 날파리들이 단체 시위하는 날인가 보다.

어깨띠 대신 '가슴띠'

- 2022년 7월 24일
- 전국걸기여행 100일차(경남지역 6일차)
- 하동군(진교면)→사천시 19㎞
- 진주시(고속터미널)→시청→숙소(강남동) 3㎞

오전 5시 30분 진교면 숙소를 나섰다. 드디어 몸이 어느 정도 적응해 가는 듯하다. 물집도 처음보다는 비교할 수 없을 정도로 덜 생긴다. 기존의 물집은 납작해지고 굳은살이 새로 돋아나면서 아물어간다. 다만, 좌측 뒤꿈치 부분에 물집이 1개가 있었는데, 하나 더 생겨 두 개가 되더니 곧 크게 하나로 합쳐져 남아 있다. 걷는 데 크게 지장은 없어 저절로 낫기만을 기다리고 있다. 3년 전 걸을 때도 처음 2주 정도 물집으로 지독하게 고생한 후 나아졌던 것을 감안하면, 이번에도 며칠은 더 견뎌야 할 것 같다.

배낭 어깨띠에 의한 통증은, 허리벨트를 지나치다 싶을 정도로 꽉 조이고 가끔씩 가슴 띠를 앞으로 당겨주는 방법으로 배낭의 무게를 분산하기 위해 노력하면서부터는 거의 사라졌다. 다리 근육의 힘도 아직 충분하지는 않지만 비탈길 오르는 게 많이 수월해졌고, 그 힘은 걷는 날의 수가 증가할수록 강해지는 것이 몸으로 느껴진다.

가끔 '내가 배낭회사 사장이라면, 어깨띠를 없애고, 대신 가슴 띠를 하나 더 만들겠다.'는 상상을 해보곤 한다. 내 경험에 의하면, 배낭 무게의 대부분을 지탱하는 것은 허리띠이다. 허리띠만 꽉 조여 매면, 어깨띠는 거의 힘을 받을 일이 없고 균형을 잡기 위해 지탱하는 역할만 할 뿐이다. 허리띠를 덜 조여 어깨띠에 힘을 가하면, 점점 어깨가 아파져 나중에는 제대로 걸을 수도 없게 된다. 단거리라면 웬만큼 아파도 참고 걸을 수 있지만, 먼 거리를 걸어야만 하는 걷기여행 경우에는 더욱 그러하다. 어깨띠가 있다 보니 자꾸 힘을 가해 사용하게 되고 어깨가 아프니, 차라리 없애고 가슴 띠를 하나 더 만들면 되지 않을까. 예전 어머니들이 포대기에 아기를 감싸 업은 모습을 생각하면 이해가 쉬울 듯하다. 기존 배낭은 지금처럼 만들되, 장거리 걷기여행자 전용 배낭을 추가로 만드는 방안도 있을 것이다.

오전 3시 40분 강남동 숙소를 나섰다. 얼마 지나지 않았는데, 자전거 길이 나타났다. 복잡한 시내에서 자전거 길을 통해 걸으니, 차량들을 신경 쓸 일이 없어 좋다. 연암공대와 경상대사대부고 사이를 지날 즈음 '진치령 터널'이 나타났다. 일제 때 만들어진 철도터널인데 자전거 길로 조성한 것이라고 한다. 터널을 지난 후 지도 앱을 확인하는데, 느낌이 이상했다. 조금 전 우측 길로 들어섰어야 했는데 지나 온 것으로 표시되어 있었다. 바로 뒤돌아 터널 앞을 지나 좌측으로 가려고 하는데 또 길이 보이지 않았다. 그리고 지도 앱을 확인해 보니, 다시 지나친 것으로 표시되었다. 결국, '지도 오류'로 결론지었다. 터널을 지나 임의로 우회하는 길을 택할 수밖에 없었다.

진주 시내를 지나니 한동안 호젓한 농촌 분위기의 길이 이어졌다. 진주에 온 기념으로 옛 대중가요 '진주라 천 리 길' 노래를 들으며 걸었다. "진주라 천 리 길을 내 어이 왔던고…." 가사마다 구구절절 '한'이 맺혀 있다.

오전 4시 잠을 깼다. 배낭을 멘 후 출입문을 열고 좌측으로 내려가려는데, 계단 대신 복도가 나타났다. 순간 직감적으로 뭔가 잘못 되었음을 느꼈다. 창문을 열고 바로 좌측으로 내려갔어야 했는데, 문을 하나 더 열고 2층 복도로 나와 버린 것이다. 황급히 손잡이를 당기며 열어보았지만, 굳게 닫힌 문이 열릴 리가 없었다. 깜깜한 복도에서 스마트폰 손전등 앱으로 비추며 계단을 통해 1층으로 내려갔다. 밖으로 나가기 위해 출입문 손잡이를 당겼는데 잠겨 있었다. 모텔 주인에게 전화를 했지만 받지 않았다. 물을 한 모금 마신 후 10여 분 쯤 지났을 때, 머릿속에 떠오르는 게 있었다. '혹시 2층 복도 반대편에 계단이 하나 더 있지 않을까...' 다시 2층으로 올라가 반대편 쪽으로 갔는데, 계단이 보였다. 내려가니 출입문도 있었다. '오늘의 운세' 보는 셈 치며 문을 천천히 밀었는데, 마침내 열렸다. "아이쿠, 다행이다!" 나도 모르게 환호성이 터져 나왔다. 하마터면 새벽부터 몇 시간 동안 감금당할 뻔했다.

지도 보는 것도 기술이 필요해

- 2022년 7월 27일
- 전국걷기여행 103일차(경남지역 9일차)
- 경남 고성군(고성읍)→통영시 23㎞

　오전 4시 40분 고성읍 숙소를 나섰다. 걷다가, 지도 앱이 '옆으로 돌아 진행하라'고 안내했지만, 무시하고 직진했다. 지도 앱은 GPS에 의해 정확히 안내하는 것이 장점이지만, 고지식하고 융통성 없다는 단점도 있다. 뻔히 그대로 갈 수 있는 길인데, "자동차 다니는 길이니 위험하다." 라며 샛길로 안내하기도 한다. 전방 안전을 확인하며 걷기 위해 의도적으로 차를 마주 보며 걸을 때는 '자전거'로 지정하면, "뒤로 몇 ㎞를 가서 U턴해 오라"고도 한다. 가다 보니, 이번에는 '걷기'로 지정하면 "좌측으로 가라"고 안내하고, '자전거' 지정하면 "우측으로 돌아가라"고 안내했다. 좌측길은 빠른 지름길이라 좋기는 한데 동네 한 가운데와 산길을 지나고, 구불구불한 것이 단점이다. 나는 거리가 늘어나기는 하지만 편안하고 안정적인 우측 길을 택했다. 내 경험에 의하면, 이런 경우 안정적인 코스를 택하는 것이 좋다. 좌측 길은, 지름길이니 빠르고 편하게 갈 수 있지만, 운 나쁘면 험한 길을 만나 고생할 수 있고, 최악의 경우 길을 잃고 헤매는 상황이 닥칠 수도 있다.

　걷기여행을 하다 보면, 무조건 '걷기'로만 지정하는 것이 능사가 아니고, '걷기'와 '자전거' 기능을 적절히 활용해 그때그때 최선의 길을 찾아가는 게 '답'이라는 사실을 깨닫게 된다. 같은 차라도 운전자 숙련도에 따라 외부로 나타나는 성능이 달라질 수 있는 것처럼, 지도 앱도 사용자에 따라 성능이 달라지는 것이다.

때가 되면 양보하고 떠나는 것이 자연의 이치
- 2022년 7월 28일
- 전국걷기여행 104일차(경남지역 10일차)
- 통영시→거제시 26㎞, 진주터미널→숙소 1㎞

오전 4시 통영시 숙소를 나섰다. 사방이 몹시 어둡다. 보름 전 순천을 걸을 때만 해도 이정도로 어둡지는 않았는데 낮 시간대가 짧아진 게 확연히 느껴진다. 출발 후 10여 분도 채 지나지 않아 밭길과 소나무 숲길이 나타나는가 싶더니, 갑자기 잡초와 칡넝쿨 우거진 숲이 앞을 막았다. 십여 분간 손전등 앱으로 전방을 비추고 칡넝쿨과 가시덤불을 헤치며 어렵게 나왔다. 이번에는 급경사의 밭두렁 겸 산길이 나타났다. 다시 10여 분을 땀 흘리며 힘들게 오른 후 큰길에 도착해, 걷기여행의 하루를 제대로 시작할 수 있었다. 걷기도 전에 격한 준비운동을 한 기분이었다.

누적거리 10㎞를 지날 즈음 '신거제대교'가 나타나며 아침이 밝아왔다. 거제대교가 1971년 설치되었지만 증가하는 교통량을 감당하지 못해서, 1999년 신거제대교를 왕복 4차선으로 설치했다고 한다. 사람이나 교량이나, 시간이 흐르면 언젠가는 다음 주자에게 자리를 양보하고 떠나는 것이 어쩔 수 없는 자연의 이치인 듯하다.

도대체 길이야, 산이야

- 2022년 7월 29일
- 전국걷기여행 105일차(경남지역 11일차)
- 진주시→의령군 37㎞

오전 4시 진주 숙소를 나섰다. 5분가량 지났을 무렵, 달동네 분위기 고지대를 지나는가 싶더니, 지도 앱이 언덕 위쪽으로 안내한다. 10여 분이 지났는데, 오르막길은 끝날 기미가 없다. 계단이 나타나고, 산길이 이어졌다. 산을 굽이굽이 돌아 정상까지 가니 콘크리트 포장도로가 나타났다.

땀이 비 오듯 흐른다. 물을 몇 모금 들이켠 다음 길을 따라 산 아래로 내려가는데, 두 갈래 길이 나타났다. 하나는 내가 가려는 방향이기는 한데 사람이 많이 이용하지 않은 듯 잡초가 자라 있었고, 다른 하나는 반대쪽이지만 포장도로로 양호했다. 내가 가려는 방향의 길을 택했다. 100여 m 내려갔는데 길이 막혀 더 이상 진행할 수 없었다. 결국 오던 길로 되돌아가서, 내가 가려는 방향 반대편으로 내려갔다. 내려가서 시계를 보니 오전 5시도 넘었다. 거의 한 시간을 산길에 쏟아 부은 셈이었다. 지도 앱이 '지름길이지만 산길'이란 힌트라도 주었으면 그런 생고생 안 했을 텐데 하는 생각이 들었다. 진주 시내를 벗어나니 남강과 나란히 이어지는 자전거 길이 나타났다. 때마침 해가 붉게 떠오르는 게 장관이다. 멋진 풍경은 한 바탕 땀 흘린 후 보는 게 제격이다.

- 2022년 7월 30일
- 전국걷기여행 106일차(경남지역 12일차)
- 의령군→함안군 19㎞

　오전 5시 잠을 깨 떠날 채비를 하고 양말을 신는데, 양쪽 종아리 부위가 몹시 가려웠다. 자면서 긁은 듯 손톱자국도 여러 군데 보였다. 어제와 그제 출발할 때 잡초 우거진 험한 길을 헤치는 '악전고투' 과정에서 그렇게 된 것이 분명했다. 오전 5시 30분 의령 숙소를 나섰다. 의령읍 시내를 지나는데 "이재용 부회장을 사면하라."는 플래카드가 보였다. 시내를 다 지날 때까지 총 4개나 나타났다. 이재용 부회장의 할아버지가 삼성그룹을 창업한 고 이병철 회장인데, 그의 고향이 의령이었다. 누가 뭐라 해도 고향사람들만은 이재용 부회장을 지지하고 잘되기를 바랐던 것 같다. 한 대중가요 가사가 생각난다. "타향은 싫어 고향이 좋아~."

- 2022년 7월 31일
- 전국걷기여행 107일차(경남지역 13일차)
- 함안군→창원시(창원시청, 경남도청) 33㎞

　오전 3시 함안 숙소를 나섰다. 비 온다는 일기예보에도 불구하고, 함안 지역을 지날 때까지 거의 오시 않았는데, 마산 지역에 늘어서며 소나기가 퍼붓기 시작했다.

나는 가능하면 '초반'에 적게 쉬고 많이 걷는 것을 선호한다. 그날 걸을 거리가 30㎞라면 15㎞ 이상, 40㎞라면 20㎞ 이상 등, 그날 전체거리의 50% 이상 걷는 것을 목표로 한다. 그리고 50% 이상을 걸은 후에도 컨디션이 좋으면 70% 이상 또는 80~100%까지 걷기도 한다. 일단 한 번이라도 쉬면 페이스가 흐트러지기 쉽고, 수시로 다시 쉬고 싶은 마음이 생기기 때문이다. 전투에 비유하자면 '초선박살 전법'이라고 할 수 있는데, 그간 내 경험에 따르면 꽤 효과적이었다. 오늘도 초반에는 잠시 물만 들이키며 계속 걸었으며, 창원 시내에 들어서 전체 33㎞ 중 8㎞만 남긴 상태에서 편안하게 쉬어갔다.

숙소에서 영상 작업을 하는데, 좌측 약손가락에 계속 경련이 와 우측 손으로 주물러야 했다. 내가 손발에 경련이 온 때는 예외 없이 무리를 한 날이었으니, 오늘도 몸은 새벽부터 빗속 강행군으로 꽤나 힘들었나 보다.

절친 남수 형이 힘을 내라며 시를 지어 보내왔다.

걸어서 코리아, 힘내소서

오남수

새벽 3시에 길을 나섰군요.
햇볕이 그리 무서운가 봐요.

일어나기도 싫은 시간이건만
나그네는 등짐을 메는군요.

새벽 3시에 밤길을 걷네요.
중복 지나 말복으로 가는 해가 무서운가 봐요.
인적 없는 차도 위에 홀로 걷는 길 나그네
밤비 소식에 근심이 더 하여라.

'걸어서 코리아'도 100일이 넘었네.
서울 · 경기 지나고, 충청 · 전라도 지나
경상도 창원을 향해 이 꼭두새벽에 비를 맞고 있네.
오늘도 30킬로미터 넘게 길 위에 있네.

걸으며 무슨 생각을 할까.
인생과 행복, 우주 미래와 세계평화…
머릿속 공상은 잠시뿐
오늘 잠자리 걱정에 마음도 바쁘구나.

걸어서 코리아!
홀로 걷는 길에 등짐도 무겁건만
먹고 자는 일이 매일 바뀌니
머리도 저 등짐만큼 무겁구나.

길 위의 나그네여 힘내소서.

걸어서 한국 땅 마지막 딛는 그날을 보겠네.

길 위의 구도자여 힘내소서.

'걸어서 코리아'로 최초의 깃발을 세우겠네.

'등산로'도 '자전거 도로'로 치나

- 2022년 8월 1일
- 전국걷기여행 108일차(경남지역 14일차)
- 창원시→김해시 31㎞

오전 7시 창원 숙소를 나섰다. 모처럼 기분전환 겸 지도 앱을 '자전거'로 설정했다. 시내를 지나 가파른 고개를 넘으니, 마치 수도권순환도로가 서울 외곽을 돌듯, 산을 끼고 아파트 옆을 도는 콘크리트 도로가 나타났다. 멋진 길을 걸을 수 있다는 기대감에 부풀었는데, 사실은 최악의 길이 기다리고 있었다.

십여 분 지나니 비포장도로가 나타나고 오르막길이 이어졌다. 지도를 살펴보니, '등산로'가 분명했다. 아직 한참 더 가야 하는데, 다른 길이 없어 직진하는 것 외에 선택의 여지가 없었다. 결국 한 시간 이상 땀을 '목욕하듯' 흘리며 통과해야만 했다. 내가 지금까지 '자전거 안내도로'는 험로 등 변수가 거의 없는 안정적인 길이라고 생각했는데 생각을 바꿔야겠다. 비록 '걷기'여행이라도 상황에 따라서는 지도 앱을 '자전거'나 '자동차'로 지정하는 지혜가 필요하다.

노트북 주인 찾기

- 2022년 8월 2일

- 전국걷기여행 109일차(경남지역 15일차)

- 김해시→양산시 28㎞

오전 2시 40분 김해 숙소를 나섰다. 에어컨 때문에 추워서 일찍 깨는 바람에 그대로 떠난 것이다. 5분쯤 지나니 장대비가 내린다. 목적지는 양산이지만, 지도 앱은 부산지역을 경유해 가는 길로 안내했다. 가다 보니 뜻밖에도 도로변에 부산 강서구청이 있어, 바로 인증 샷을 촬영했다. 덕분에 다음 부산 지역을 걸을 때 강서구청은 따로 들를 필요가 없게 되었다.

구포대교를 지나는데 바람이 거세다. 우산을 쓰고 싶었지만 강풍으로 몸조차 지탱하기 버거운 상황에서 위험할 수도 있어, 비를 맞으며 걸을 수밖에 없었다. 구포대교를 건너고 계단을 통해 양산 방면으로 내려가는데, 가방 하나가 눈에 들어왔다. '노트북'이었다. 어젯밤 술이라도 취한 누군가가 잊고 간 듯했다. 노트북은 가격도 가격이지만 중요한 정보라도 있다면, 가방 주인은 잃어버린 사실을 아는 순간 앞이 하얗게 변할 것이다. 마침 가는 길목에 구포지구대가 있어 들렀다. 습득물신고서와 노트북을 인계하며 주인을 찾아 주도록 부탁했다.

'걷기여행의 명소, 코리아'를 꿈꾸며
- 2022년 8월 3일
- 전국걷기여행 110일차(경남지역 16일차)
- 양산시→밀양시(삼랑진읍) 27㎞

어제 양산 숙소는 할머니 한 분이 운영하는, 전통시장 안에 위치한 여관이었다. 모텔에 비해 시설 수준이 떨어지기는 했지만 매우 친절했고, 특히 청소 상태만큼은 최고여서 편안하게 쉬었다. 오래된 건물이었지만 특이하게도, 세면대와 변기, 에어컨 등 모든 집기류가 마치 새로 산 것처럼 새하얀 빛깔을 유지하고 있었다.

오전 2시 40분 양산 숙소를 나섰다. 장대비가 쏟아진다. 밀양시가 가까워지며 비가 그치고 사방이 밝아졌다. 바로 옆 낙동강과 산을 끼고 이어지는 자전거 길이 나타났다. 한 무리 자전거가 지나가는데, 맨 앞 사람이 나를 발견하고는 "사람!" 하며 외치니 다른 사람들도 같이 따라 외쳤다. 걷기여행을 하다 보면, 시민의식이 많이 발전하고 성숙되었다는 느낌을 받을 때가 많다. 4대강 자전거 길은 '명품'이라는 인상도 많이 받는다. 코리아 둘레길과 4대강 자전거 길, 제주 올레길 외에 지역별 자전거 길과 걷기 길을 효과적으로 보완하고 연계한다면, 우리나라가 '산티아고 순례길' 명성을 뛰어넘는, 걷기여행의 세계적 명소가 될 수도 있을 것 같다.

숙소에서 영상 작업을 하는데 좌측 새끼손가락에 반복적으로 경련이 와서 한참 동안을 손으로 주물러야 했다. 걷는 것은 '발'이 했는데, 왜 관계없는 '손가락'에 경련이 생기는지 모르겠다.

젊은 오빠
- **2022년 8월 4일**
- **전국걷기여행 111일차(경남지역 17일차)**
- **밀양시(삼랑진읍)→밀양시(시청) 21㎞**

오전 4시 50분 삼랑진읍 숙소를 나섰다. 밀양강을 건너는 다리를 지나고 제방 길로 들어서니, 어제에 이어 멋진 자전거 길이 눈앞에 펼쳐졌다. 쉼터와 화장실도 있어서 벤치에 앉아 쉬어 갔는데, 밭에 다녀오던, 팔순은 족히 넘어 보이는 할머니가 올라와 내 옆에 앉으며 말을 걸어왔다. "젊은 사람이 직장 어찌하고 여행만 다니느냐."며, 내가 40대로 보인다고 했다. 속된 말로 '젊은 오빠' 정도로 보인 것이다.

내가 나이에 비해 젊어 보이기는 하지만, 그것보다는 무거운 배낭을
짊어지고 걷기여행을 하니 젊은 사람으로 생각했던 것 같다. "은퇴했고,
63세."라고 했더니 놀라며, "자신은 68세인데, 평생 시골에서 농사일만
하다 보니 이렇게 빨리 늙었다"고 했다. "힘내라."는 할머니의 격려의 말
을 들으며 자리를 떴다.

밀양시 중심가가 가까워지며, 도로표지판에 "직진하면 청도, 우회전해
도 청도"로 표기되어 있었다. 원래 청도군 외서면이었는데, 1912년 밀양
군으로 개편하자 이곳에 살던 '청도 김씨'들이 "청도 이름을 버릴 수 없
다."며 반발해서, 면 이름을 청도로 바꿔주는 조건으로 밀양에 편입한 것

이라고 한다. 그에 따라 지금 경북에는 '밀양시 청도면'과 '청도군 청도읍' 등 두 개의 청도가 존재하고 있다.

공포의 '인숙이네 집' 체험
- **2022년 8월 5일**
- **전국걷기여행 112일차(경남지역 18일차)**
- **터미널(대중교통 이용)→영산터미널(창녕군 영산면)**
  →창녕군(창녕읍) 12㎞

어제 밀양 숙소는 그야말로 나쁜 의미에서 '대박(?)'이었다. 오전 9시 이전 도착할 예정이었는데, 이른 시각이다 보니 추가요금 없이는 어느 곳에서도 받아주지 않았다. 하지만 한 여인숙에서는 "숙박요금 1만 5천 원이고, 아무 때나 와도 좋다"고 했다. 그런데 '다시 겪고 싶지 않은 최악의 숙박'이 될 줄은 꿈에도 몰랐다.

침구류는 세탁한 지 몇 년은 지난 듯 노랗게 변해 있었고, 화장실은 공용이었다. 샤워공간에는 수십 년은 된 듯한 수도꼭지가 덜렁거리며 어설프게 달려 있었고, 샤워기 호스는 물을 두 번 틀었는데 앞부분이 빠져 버렸다. 배수구는 막혀 있어 물 한 대야 버리면 다 내려갈 때까지 10여 분은 기다려야만 했다. 선풍기 1대가 있었지만, 워낙 덥다 보니 '찜통'이 따로 없었다. 우리가 어릴 적에는 여인숙을 재미삼아 '인숙이네 집'으로 부르기도 했다. 1960~1970년대 버전 '인숙이네 집' 특별체험을 한 셈이었다.

어제 걸은 밀양에서 창녕은, 동선에 따라 거리가 최대 70㎞나 되지만 산길로 안전을 담보하기가 어렵고 적당한 숙소도 없어, 부득이 영산터미널까지 버스로 이동해 거기에서부터 걷는 방법을 택한 것이었다.

전국걷기여행을 떠나며 나 자신과 약속한 세 가지가 있었다. 첫째 '전국 시·도청과 시·군·구청을 거치며 동영상 인증 샷과 걷기 앱 스크린 샷으로 증명하겠다.'는 것, 둘째, '안전이 우려되는 경우 대중교통을 보조적으로 이용하겠다.'는 것, 셋째, '가사·병원진료 등 부득이한 경우 귀가를 통한 해결 후 계속 진행하겠다.'는 것이다. 이번에는 이에 따른 둘째 규정을 적용한 것이다. '약속'은 지키기 위해 존재한다. '이번 한 번쯤이야.' 하는 생각은 금물이다. 한 번이라도 예외를 인정하면, 한 번이 두 번 되고 두 번이 세 번, 네 번 되는 것은 금방이라, 나중에는 걷기여행을 포기하는 최악의 결과로 이어질 수도 있다.

오전 4시 창녕 숙소를 나섰다. 어젯밤에는 잠을 정말 잘 잤다. 그제 밀양 여인숙에서 하룻밤을 고생하며 지냈더니, '모텔'이 얼마나 좋은지 체감할 수 있었다. 배고파 보지 않은 자는 음식의 진정한 맛을 모르고, 아파 본 적이 없는 자는 건강의 소중함을 모르는 것처럼.

오전 4시 청덕면 숙소를 나섰다. 주변이 온통 산이고 낙동강 변이라 날 파리 떼가 유난히 많이 모여든다. 사방이 서서히 밝아 오면서 전형적인 산골과 시골마을 풍경이 이어졌다. 어느덧 합천읍에 들어서고, 숙소에 도착하니 오전 10시였다.

인근 식당을 방문했는데, 상호에 '復興'이란 한자를 쓰고 있었다. 그런데 발음은 '복흥'으로 사용해서 이유가 궁금했다. 내 지식으로는, 復은 '회복할 복' 자로 '다시'라는 의미로 쓰이지만, 뒤에 '일 흥(興)' 자가 붙으면 복이 아닌 부, 즉 '부흥'으로 읽게 된다. 주인에게 물어보니, 알고 있었지만, 수십 년이나 '복흥'으로 써와서 그대로 사용하고 있다고 했다.

지난 3월, 제20대 대통령이 새롭게 당선되자 한동안 화두에 오른 주제가 있었다. 새 대통령의 이름 세 글자를 한자로 보면 '다스릴 윤(尹), 주석 석(錫), 기쁠 열(悅)'로 '윤-석-열'인데, 발음할 때 '윤서결', '윤성녈' 중 어느 것을 택하는 것이 옳은지였다.

그런데 국민들에게 정확히 알리지 않았던 것 같다. 관계 기관에서도 인터뷰를 하기는 했는데, 내가 보기에는 '두루뭉술' 답하며 넘어가는 것으로 느껴졌다. 그러다 보니, 각계각층은 물론 TV방송에서도 어떤 이는 '윤서결'로, 다른 어떤 이는 '윤성녈'로 부르는 혼란이 초래되었으며, 심지어 북한에서조차 우리 대통령 이름을 시도 때도 없이 함부로 다르게 부르는 이상한 모양새가 되고 말았다.

개인이 쓰는 이름은 그 사람 선택에 달렸으니 어떻게 쓰더라도 잘못되었다고 할 수는 없다. 하지만, 공공성이 높은 단어라면 달라야 하고, 국민들이 혼란을 겪지 않도록 정해 알릴 필요도 있다고 생각한다. 이미 늦어 쉽지 않겠지만, 후대를 위해 지금이라도 어떤 용감한(?) 분이 바로 잡았으면 좋겠다.

마누라 비밀번호
- 2022년 8월 8일
- 전국걷기여행 115일차(경남지역 21일차)
- 합천군(합천읍)→합천군(묘산면) 14㎞

어제 합천군청을 거쳐 숙소로 가는 길에 멋진 집을 발견했는데, 집주인이 부럽다는 생각이 들었다. 입구에는 돌에 건물 애칭인 듯한 '금란재(錦蘭齋)' 글자를 새겨 놓았고, 문에는 부부 이름을 새긴 예쁜 문패도 달려 있었다. 중년 이상 된 남자들과 대화를 나누다 보면, '언젠가는 자기가 지은 집을 가지고 싶다'는 꿈을 가지고 있는 사람들이 의외로 많은데, 나도 그중 한 사람이다.

어제 합천 숙소는 쾌적하고 편안해서 잘 쉬었다. 모텔이었는데, 다른 곳에 비해 시설이 크게 뛰어난 것은 없었지만 청소 상태 하나만큼은 내가 지금까지 경험한 모텔 중 단연 최고였다. 시설과 집기류는 군데군데

낡거나 상처 난 곳이 없지 않았지만, 욕실과 세면대, 변기, 침대, 장식장, 보조식탁과 의자, TV, 에어컨 등 집기류가 모두 마치 새로 산 듯 원래 색상을 유지하고 있었고, 먼지 한 톨 찾아 볼 수 없었다.

　오전 5시 합천읍 숙소를 나섰다. 시내를 벗어나니 산길로 접어들었다. 마령재 고개가 나타나고 내리막길이 이어졌다. 묘산면 숙소에 도착하니 오전 8시였다. 벽에 써 붙인 글이 눈에 들어왔다. "wife 1712 009 737". 설마 마누라를 빌려주는 비밀번호는 아닐 터이니, 와이파이 비번이 틀림없다. 'wifi'를 'wife'로 써 붙인 사람의 실수가 오늘따라 귀엽게만 느껴진다.

요즘 이른 새벽에 출발해서 숙소에 오전 중 도착하는 방법으로 일정을 운영하다 보니, 생활 패턴이 굳어졌다. 숙소에 도착하면 먼저 샤워를 하고, 세탁을 마친 후 방에 널어 말린다. 영상 작업을 시작하고 점심시간이 되면 밖으로 나가 식사를 한다. 이어서 편의점을 찾아 도시락과 빵을 사서 숙소로 돌아가, 영상 작업을 마무리 한다. 다음날 날씨를 확인하고 목적지를 감안해 동선을 결정하며 숙소를 예약한다. 오후 6시가 되면 편의점 도시락을 먹거나, 상황에 따라서는 밖으로 나가 저녁식사를 한다. 다음날 기상시간을 감안해 오후 8시 또는 9~10시경 취침한다. 오전 2~4시에 기상해 전날 구입한 빵으로 간단히 아침식사를 한 후, 배낭을 메고 출발한다.

하루 걷는 거리는 20~30㎞로 운영하는 것을 기준으로 하되, 30㎞를 초과하거나 지형이 험한 경우에는 걷기동선 중 이용 가능한 숙박업소 위치를 감안해 중간에서 묵어가려고 노력하고 있다. 현재 내 체력을 감안하면 하루 50㎞ 이상이라도 큰 어려움 없이 걸을 수 있다. 하지만 그간 내 걷기여행 경험에 의하면, 일정을 무리하게 운영하는 것은 체력뿐 아니라 '멘탈' 관리에도 좋지 않은 영향을 끼친 경우가 대부분이었다.

오전 3시 20분 묘산면 숙소를 나섰다. 걷다 보니, 할머니들 10여 명이 모여 있었다. 마을잔치나 행사에 같이 가기로 약속되었던 것 같았다. 그런데 모두 유모차 형태 보행보조기 또는 유모차를 끌고 나와, 도시에 사는 나로서는 흔히 볼 수 없는 광경이었다. '할머니 유모차 부대'로 불러도 좋을 듯했다. 유모차는 손주나 이웃집 아기들이 쓰던 것을 재활용했을 것 같다. 지팡이와 보행기 용도는 물론, 때에 따라 짐 싣는 수레 역할도 할 수 있으니 '일석삼조'인 셈인데, 모범적인 재활용 사례라고 할 수 있을 것 같다.

걷기여행 최상의 휴식 공간, 버스정류소

- 2022년 8월 10일
- 전국걷기여행 117일차(경남지역 23일차)
- 거창군→함양군 36㎞

오전 4시 거창 숙소를 나섰다. '신기마을' 팻말이 나타났는데 익숙한 지명이었다. 생각해 보니, 그간 전국걷기여행을 하며 적지 않은 신기마을들을 만났다. 검색해 보니, 전국적으로 수백 개는 족히 넘을 것 같았다. 심지어 같은 지역 내에 5개 이상 있는 곳도 있었다. 사람들이란 원래 좋은 것을 경쟁적으로 쓰기 마련이니, '신기'란 이름이 좋은 지명인가보다.

오늘은 특이하게도 다양한 버스정류소를 볼 수 있는 날이었다. 알루미늄 재질로 정갈하게 만든 곳, 지역 특산물인 사과를 형상화한 곳, 벽돌로 튼튼하게 만든 곳, 목재만을 사용해 자연친화적으로 만든 곳도 있었다. '버스정류소'는 걷기여행에 없어서는 안 될, 고맙고도 소중한 존재이다.

잠시 쉬어가기에 최고로 편안한 곳 중 하나지만, 누구의 허락을 받을 필요도 없이 무료로 무제한 이용할 수 있는, 거의 유일한 공간이다.

쉬어 가는 휴식장소를 정하는 데는 나만의 원칙이 있다. 여름에는 그늘지고 바람이 잘 통하는 곳, 겨울에는 찬바람을 피할 수 있는 곳이어야 한다. 편히 앉을 만한 장소여야 하고, 개미들이 지나는 길목은 아닌지도 살펴야 한다. 이런 좋은 장소를 찾기는 쉽지 않은데, 내 경험에 의하면 '버스정류소'가 가장 유력한 1순위 후보이다. 하지만 같은 정류소라도 느낌은 많이 달라서, 어느 곳은 편안하지만 다른 어느 곳은 그렇지 못 하거나 심지어 꽤 불편한 정류소도 적지 않다. 겉으로는 별 차이가 없어 보이지만, 자세히 보면 지붕이 반투명 재질로 뜨거운 햇볕을 그대로 통과하거나, 삼면이 막혀 있어 답답하고 찜통더위를 감수해야 하는 곳도 많다. 목재나 플라스틱 재질로 만들어 쉽게 퇴색되고 노후하며, 옛날 새마을운동 초기에 만들었을 법한, 시멘트나 '벽돌'로 '군 벙커'처럼 투박하게 만든 곳도 있다.

얼마 전 남해군 지역을 걸을 때 한 버스정류소에서 잠시 쉬어갔는데, 바깥 햇볕은 뜨거웠지만 정류소 안은 햇볕이 완벽하게 차단되고 사방에서 시원한 바람도 불어와서 정말 시원했다. 다른 정류소에 비해 유독 시원한 게 궁금해서 구조를 찬찬히 훑어보았다.

첫째, 천장은 햇볕을 100% 차단하는 재질로 덮여 있고, 둘째, 벽은 사면이 미닫이 유리창이라 더우면 열고 추우면 닫도록 되어 있다. 셋째, 재질은 알루미늄 같은데 디자인과 색상이 튀지 않아 적당했고 내구성도 좋아 보였으며, 넷째, 정류소 이름을 널빤지 형식으로 만들어 낡거나 교체

할 필요가 있을 때 적은 비용만으로도 손쉽게 바꿀 수 있는 등 관리 편의성도 우수해 보였다.

내가 그동안 걷기여행을 하면서 전국의 수많은 정류소들을 겪어본 바에 의하면, ①햇빛 차단, ②4면 개폐식 유리창, ③적절한 디자인과 색상, ④관리 편의성 등 네 가지를, '좋은 버스정류소가 갖춰야 하는 4대 조건' 정도로 부를 수 있을 것 같다. 그런데 이 조건들을 모두 충족하는 곳은 매우 드물었다. 얼마 전 방문했던 진주시와 밀양시에서도 이 네 가지를 충족한 정류소를 '스마트 버스정류장'이란 이름하에 시범적으로 운영하고 있었는데, 에어컨도 시원하게 가동 중이었고 스마트폰 충전서비스도 제공하고 있었지만, 그에 비해 일반 정류소는 다른 지역의 흔한 정류소와 다르지 않아 아쉬웠다. 그에 비하면, '남해군'은 정류소 전체를, 네 가지 조건 모두 충족한 형태로 운영하고 있었다. 그런 점에서 남해군청 공무원들을 칭찬하고 싶다.

'스마트 버스정류장'이 지향해야 할 '미래형 첨단 버스정류소'인 것은 분명한 것 같다. 하지만 전국적으로 모두 교체하거나 새로 설치하려면 소요되는 예산이 적지 않을 것임을 감안하면, 현재로서는 남해군 사례를 따르는 것이 현실적 대안인 듯하다.

오빠 경상스타일

- 2022년 8월 11일
- 전국걷기여행 118일차(경남지역 24일차)
- 함양군→산청군 25㎞

어제 함양읍 지역에 들어서 함양군청으로 향하는데, 식당 앞 입간판 선전 문구가 눈에 들어왔다. "당신은 지금 최고로 맛있는 식당을 지나가고 있습니다." 식당주인의 자신감이 대단했다. 또 어느 술집에서 "신분증, 운전면허증, 여권 없이는 입장 불가."라고 써 붙인 게 보였는데, 이 또한 예사롭지 않은 배포가 느껴졌다. 무뚝뚝하지만 직진하는 것으로 소문난 '경상도 사나이' 스타일을 제대로 보는 듯했다. 갑자기 가수 싸이의 '강남스타일' 노래가 생각났는데, 마치 '오빠 경상스타일'이라고 노래하는 것 같아 즐거웠다.

　오전 4시 함양읍 숙소를 나섰다. 산청 시내가 가까워질 무렵 전방에서 트랙터가 달려온다 싶더니 나를 향해 손을 흔들며 "힘내세요."라고 소리쳤다. 이어서 "파이팅!" 하고 외치면서 거수경례를 했다. 워낙 갑작스러워 멈칫하기는 했지만, 정신을 가다듬고 똑같이 거수경례로 답해 주었다. 사진이라도 찍어 두려고 뒤돌아 트랙터를 확인하니, 이미 멀어지고 있었다. 경남 지역 걷기일정을 마무리했다. 24일간 1개 도청과 18개 시·군청을 순회하며 572㎞를 걸었다. 총 누적 거리는 3,654㎞가 되었다.

9. 부산시·울산시 지역

산청터미널에서 부산행 버스를 예약하는데, 버스가 대기하고 있어 바로 탈 수 있었다. 부산·울산 지역은 지난번 김해에서 양산으로 걸을 때 부산 구포대교를 건너 구포역을 지났기 때문에, 코스 중복을 피해 구포역에서 시작하기로 했다. 부산 북구청을 경유하니, 오전 12시였다. 내일 새벽에 일찍 출발하면 어두워서 촬영이 어려울 것 같아 미리 들른 것이었다. 적당한 모텔을 찾기 위해 전화를 걸었는데 모두 추가요금을 요구했다. 입실 시각도 맞출 겸 금정구까지 더 걷기로 했다.

한 시간가량 걸었는데, 의외로 꽤 비탈진 아스팔트 길이 나타나더니 산길이 기다리고 있었다. 평소라면 산길은 시도조차 않겠지만 오늘은 시간적 여유가 있어 그대로 걷기로 했다. 30여 분가량 올라갔는데, 갑자기 방향을 가늠할 수 없었다. 길을 잃어버린 것이다. 옷은 땀으로 흠뻑 젖었고 오르내리기를 반복하며 확인했지만 찾을 수 없었다. 결국 금정구로 가는 것을 포기하고 돌아서 내려와야 했다. 동선을 정할 때는 세심하고도 합리적인 구상이 중요하지만, 실행 중 잘못되었다고 판단되면 미련 없이 돌아서는 지혜도 필요하다.

오전 6시 부산북구 숙소를 나섰다. 어제는 힘들기도 했지만 길을 잃었을 때는 정말 난감했다. 우리나라에서 두 번째 큰 도시인 부산 한가운데 그토록 험한 산이 있을 줄 미처 몰랐다. 오늘은 자동차 다니는 큰길을 이용하기로 했다. 5분 정도 지났는데 '자동차전용도로' 팻말이 나왔다. 되돌아 내려와 지도를 살펴보니, 다행히 옆에 길이 하나 더 있었다. '자동차전용도로'가 개통되기 전 이용하던 '구(舊)도로'인 듯했다. 언덕길을 올라 '자동차전용도로' 밑을 횡단하는 지하도를 통해 공장지대를 지나니, 드디어 구도로가 나타났다. 이어서 길이 1㎞ 가까운 만덕1터널이 나왔다. 터널 안에는 오가는 차로가 각각 1개뿐이고 대형화물차가 수시로 굉음을 내며 지나갔는데, 인도가 없어 위험해 보였다. 하지만 선택의 여지가 없던 나로서는 무시하고 통과할 수밖에 없었다. 시청 앞에 조그맣고 예쁜 공원이 보여 잠시 쉬어갔다. 날씨가 뜨거워 그만 마무리하고 싶었지만 부산진구청까지 더 걷기로 했다. 적당한 숙소가 부산진구에서 찾아졌기 때문이었다.

오전 6시 부산진구 숙소를 나섰다. 어젯밤에는 숙소도 열악했지만 모기 때문에 밤새 잠을 설쳤더니 컨디션이 좋지 않다. 사상구청이 가까워질 무렵 길이 사라졌다. 몇 번이고 가다가 다시 돌아오기를 반복하며 찾고 있는데, 뒤에서 누군가 "집 옆의 좁은 골목으로 내려가면 된다."라며 소리쳤다. 헤매는 나를 보고는 알려준 것이었는데, 가보니 신기하게도

'미로' 같은 샛길이 나 있었다. 이어서 계단 길도 세 번이나 이어졌다. 부산지역은 의외로 가파르게 경사진 길이 많이 나타난다. '달동네'를 연상케 하는 고지대 마을도 많이 보인다. 언뜻 봐선 길이 있을 것으로 생각하기 어려운 곳에 '샛길'이 있기도 하고 '계단 길'도 많다.

잠시 쉬며, 부산 지형에 대해 인터넷으로 찾아보았다. 보통 '부산광역시'라면 바다를 떠올리지만 산과 가파른 언덕이 많아, 원래 부산에 속하지 않던 김해평야의 강서구를 제외하면 그야말로 '산 아니면 바다'라고 했다. 부산(釜山)이란 이름에 괜히 뫼산(山)자가 있는 게 아니라는 것이다.

개만도 못한 세상

- 2022년 8월 14일

- 전국걷기여행 121일차(부산·울산지역 4일차)

- 부산중구→동구→남구→수영구→해운대구(좌2동) 22㎞

- 버스 이동(좌2동-송정동), 해운대구(송정동)→기장군 8㎞

오전 6시 부산중구 숙소를 나섰다. 어제에 이어 오늘도 보도블록이 들떠 발을 디딜 때마다 덜커덩 소리가 나는 곳이 많이 나타났다. 사실 '들뜬 보도블록'은 지역에 따라 정도만 다를 뿐 전국적인 문제이다. 통신설비나 하수도공사 등을 실시하는 사업자는 자기가 직접 책임져야 하는 공사에만 관심이 있고 보도블록 원상복구는 부수적인 일로 생각하다 보니 관심이 적을 것 같다. 그러니 특별법이라도 만들어서, 보도블록 원상복구를 통신설비나 하수도공사만큼 중요한 일로 처리하도록 해야 할 것 같다.

동구청에 들러 인증 샷을 촬영하고 내려오는데, 한 노인이 유모차를 끌고 개들과 함께 지나갔다. 자세히 보니, 유모차에 네 마리, 목줄 맨 한 마리, 목줄 없이 따라가는 두 마리 등 자그마치 일곱 마리나 데리고 있었다. 걷다 보니 이번에는 길거리에 고양이 두 마리가 뭔가 먹고 있었는데, 누군가 길고양이들을 배려하여 쉬어갈 만한 깔판과 사료를 준비해 두었고, 옆에는 고기까지 한 접시 놓여 있었다. 요즘 애견·애묘 인구가 많아지다 보니, 때로는 개나 고양이들이 사람보다 나은 대접을 받기도 하는 것 같다. 적어도 오늘 본 개와 고양이들은 조금 전 만난 노숙자들보다 훨씬 나아 보였다. '인간이 개만도 못한 세상'이 도래한 셈이다.

'댕' 덕분에

- 2022년 8월 15일
- 전국걷기여행 122일차(부산·울산지역 5일차)
- 부산 기장군 숙소→기장역 1㎞, 전철 이동
- 울산 덕하역→울주군→시청→남구 23㎞

오전 6시 기장읍 숙소를 나섰다. 걷다 보니 울산남부순환도로가 이어지는데, 자전거 길도 같이 조성해 놓아 걷기에 좋았다. 오늘도 햇볕이 뜨겁다. 산을 끼고 돌아가는 길이다 보니, 걷는 방향대로 그늘이 바뀌고 뙤약볕에 노출되는 상황이 수시로 발생한다. 어렵게 울주군청에 도착했다. 그만 마무리하고 싶었지만, 주변에 숙소라고는 전혀 없어 불가능했다.

이어서 다시 걷는데, 이상할 정도로 전혀 힘이 들지 않았고 더위도 참을
만했다. 생각해 보니, 방금 전에 먹은 콜라와 빵에 포함된 '당(糖)' 효과였
다.

예전에 조카아이들을 데리고 산에 오른 적이 있었는데, 한 아이가 유
난히 힘들어했다. 하지만 초콜릿을 먹인 후에는 아무 일도 없었다는 듯
뛰어 올라가는 것을 보며 '당' 효과를 실감한 적이 있었는데, 오늘도 그랬
다. 당(黨) 아닌 당(糖) 덕분에.

울산시청과 남구청을 경유한 후 인근 식당에서 식사를 하고 숙소에 도
착했다. 샤워 후 동영상 작업을 하는데, 좌측 새끼손가락 부분에 경련이
수시로 와서 계속 주물러야 했다.

오전 5시 울산남구 숙소를 나섰다. 태화강을 따라 아름답고 쾌적한 길이 이어진다. 자전거 길과 보행자 길로 나뉘었던 길은 어느새 하나로 줄어들었다. 가끔 뒤에서 보행자를 배려해 "미안합니다." 하고 외치며 감속해 지나가기도 하지만, 때로는 아무런 경고 없이 쏜살같이 옷깃을 스치며 가서 소스라치게 놀라기도 한다. 보행자가 자전거 다니는 길에서 걸으려면 특별한 주의가 필요하다. 도로 좌측으로 바짝 붙어 걸으며, 돌발행동을 자제하고 가급적 동일한 자세를 유지하기 위해 노력했다. 원래는 '우측통행' 하는 게 맞지만, 갑자기 뒤에서 달려오는 자전거를 신경 쓰기보다, 정면에서 다가오는 자전거를 대비하는 것이 훨씬 수월하고 안전하다. 돌발행동은 지나가는 자전거와의 접촉이나 충돌사고로 이어질 수 있으니 금물이다. 차가 사고 확률을 줄이기 위해 주의를 기울이는 '방어운전'처럼, 보행자는 '방어걷기'를 해야 하는 셈이다.

부산·울산 지역 걷기일정을 마무리했다. 6일간 2개 광역시청과 21개 구·군청을 순회하며 145㎞를 걸었다. 총 누적거리는 3,799㎞가 되었다.

10. 경상북도·대구시 지역

걸 어 서 코 리 아

오전 8시 울산남구 숙소를 나섰다. 어제 울산 중구청을 경유하면서 보니, 청사 정면에 써 붙인 캐치프레이즈가 "누구나 살고 싶은 종갓집 중구"였다. '종갓집'이라는, 행정과는 다소 거리가 먼 듯한 단어를 관공서 마케팅에 활용한다는 발상이 의외로 신선하게 느껴졌다.

어렸을 적에 아버지와 고향인 김포에 갈 때면 의례히 먼저 '큰댁'으로 불렸던 큰할아버지 댁에 들러 인사부터 드렸던 게 생각난다. 나와 아버지는 장남이었지만 할아버지는 남자형제 중 동생으로, 큰할아버지 댁이 '종갓집'이었기 때문이다. '큰댁'을 방문할 때면 내 마음은 그렇게 포근할 수가 없었다. 지금 생각해 보면, 친할아버지가 젊어서 돌아가시다 보니 얼굴조차 본 적이 없어, 대신 큰할아버지와 큰댁을 더욱 소중하고 가깝게 느꼈던 것 같다.

아버지로부터 전해들은, 1935년 무렵 이야기이다.

〈김포 어느 시골마을의 아버지와 아들〉

"아들아, 오늘은 읍내 장에 같이 다녀오자." 아버지는 일곱 살짜리 아들 봉서의, 고사리 같은 손을 잡고 길을 나섰다. 봉서네 집이 있는 구두물 마을을 벗어나 인적 드문 논길로 들어서자 아버지는 다시 말했다. "짚신을 벗거라." 아들은 아버지를 따라 짚신을 벗어 손에 들고 걸었다. 장터가 가까워지며 멀리 바쁘게 움직이는 사람들이 보일 즈음 아버지는 또다시 말했다. "짚신을 다시 신자." 장에 들러 용무를 마치고 집으로 향하는데, 인적 드문 길이 나타났다. 아버지는 갈 때처럼 올 때도 짚신을 벗게 했고, 구두물이 가까워지자 다시 신게 했다. 집에 도착한 후 아버지가 말했다. "오늘 짚신이 닳는 것을 절약한 만큼 우리 집 돈도 불어나는 거야. 허리띠 졸라매고 절약해야 부자가 될 수 있어."

아버지는 자식들에게 가끔 이런 '짚신 이야기'를 전해 주시며, 절약하는 습관의 중요성을 일깨워 주곤 하셨다. 그 덕분인지, 우리 형제들은 하나같이 절약하며 사는 습관이 몸에 배어 있다. 그리고 짚신을 볼 때마다 할아버지의 후손들에 대한 사랑과 절약에 대한 교훈을 되새기곤 한다.

이젠 '관리'가 문제야

- 2022년 8월 18일
- 전국걷기여행 125일차(경북·대구지역 2일차)
- 경주시(외동읍)→경주시청 29㎞

오전 5시 외동읍 숙소를 나섰다. 가로수를 인도 한가운데 심어놓은 길이 이어진다. 그런데 나무 보호를 위한 철제부분 중앙 공간이 나무 몸체로 거의 꽉 차 있었다. 오래 전 심은 듯한데, 나무는 성장했지만 주변 공간은 그대로여서, 나무가 더 커지기 전에 바꿔주든, 아예 빼버리든 당장 '양자택일' 해야만 할 것 같다.

걷기여행을 하다 보면, 수많은 도로시설물들을 접하게 된다. 새로 만든 시설은 문제가 없었지만 오래된 시설은 관리가 부실한 곳이 많았는데, 심지어 '흉한 몰골'로 변한 곳도 적지 않았다. 못살고 가난하던 시절에는 시설물을 하나라도 더 만들기에 바빴지만, 이제 어느 정도 살 만해졌고 만들 만큼 만들어 놓았으니, 앞으로는 관리에 좀 더 신경을 썼으면 좋겠다.

내가 1997년 일본을 처음 방문했을 때, 한마디로 지독하다고밖에 느낄 수 없을 만큼 꼼꼼하게 관리되고 있는 시설물들을 보며 감탄했던 기억이 지금도 새롭다. 그 후로 적지 않은 외국을 돌아볼 기회가 있었지만, 아직 까지 일본보다 시설물 관리를 더 잘하는 나라는 본 적이 없다. 내년 8월

광복절 무렵이면 매스컴을 달구는 '반일(反日)'이나 '극일(克日)'과는 또 다른 문제라고 생각한다. 대상을 불문하고 잘하는 것은 배우고 본받는 것이 마땅하다.

오랜만에 동전도 꽤 많이 주웠다. 경남 의령을 걸을 때 100원짜리 1개 주운 것을 마지막으로 그간 그렇게 열심히 찾아도 없었는데, 오늘은 100원짜리 5개, 50원짜리 1개, 10원짜리 7개 등 총 13개나 주웠다. 관광지에서 많이 발견되는 것을 보면, '관광객들이 쓰다 남은 동전을 행운이라도 빌면서 버리지 않았을까' 추측을 할 뿐이다.

날파리가 제 아무리 설쳐대도 가을은 온다

- 2022년 8월 19일
- 전국걷기여행 126일차(경북·대구지역 3일차)
- 경주시(황오동)→영천시 43㎞

오전 4시 경주 숙소를 나섰다. 전국걷기여행을 재개한 지 한 달이 지나다 보니, 몸과 마음이 적응되어 처음과는 비교할 수 없을 정도로 여유가 생겼다.

특히, 짐을 꾸리는 데는 3분도 채 걸리지 않을 정도로 빨라졌다. 우선 전날 세탁해 널어놓은 의류를 챙기고, 용도에 따라 세 개의 주머니에 나눠 담는다. 노트북은 비나 물에 젖지 않도록 비닐주머니에 싸서 넣는다. 액션캠 파우치에는 액션캠 예비배터리, 충전용 어댑터와 충전선, SSD 저장장치, 상비약 등을 보관한다. 배낭 윗부분 바깥주머니에는 자주 쓰는 보조배터리와 충전선, 마스크, 해충퇴치용 스프레이를, 안주머니에는 덜 자주 쓰는 물휴지, 지갑, 고글을 넣는다. 물은 1리터짜리 두 개를 채워 준비하고, 배낭 양측 물통주머니에는 각각 물통 1개와 등 가려울 때 사용하는 효자손, 갑자기 비가 내리면 바로 쓸 수 있기 위한 우산을 넣는다. 효자손은 등이 가려울 때마다 요긴하게 써서 챙겨오길 잘 했다는 생각을 정말 많이 한다. 등산용 스틱은, 써야 할 때만 빼고는 늘 배낭 외부에 묶어 둔다. 배낭 앞부분에는 휴대폰 전용 파우치를 별도로 묶어 두어, 수시로 꺼내 지도 앱을 보는 등 쉽게 사용하도록 한다. 비닐 재질 파우치는 여름철 과열로 기능장애가 발생하기도 하니, 섬유 재질을 선택하는 것이 좋다.

배낭에 짐을 넣는 순서는, 노트북을 안쪽에 넣은 다음, 맨 밑에 액션캠 파우치를 넣고, 이어서 의류주머니 중 작은 순서대로 넣되, 짐을 지나치게 세게 눌러 다른 물품이 상하지 않도록 유의한다. 마지막으로 배낭을 짊어진 후 액션캠을 배낭 앞가슴 띠 사이에 끼운 상태로 유지해, 걷다가 수시로 촬영할 수 있게 한다. 오늘도 다른 날보다 이른 시각에 출발했지만 짐 꾸리는 것만큼은 일사천리로 진행되어 시간적인 부담은 전혀 없었다.

요즘 날파리들이 눈에 띠게 줄었다. 걸을 때마다 콧속으로 침투하기도 하고 물 먹을 때 입으로 들어갔는데 다행이다. 예전에 어느 정치인이 "닭의 모가지를 비틀어도 새벽은 온다"고 했다는데, 날파리들이 제 아무리 설쳐대도 결국 가을은 오는가 보다.

오전 3시 영천 숙소를 나섰다. 출발 전 양말을 신다가 뭔가 불편한 듯해 확인해 보니, 양말 좌우가 바뀌어 고쳐 신었다. 나는 양말 좌·우를 가려 사용한다.

걷기를 좋아하다 보니, 늘 '발'에 대해서만큼은 신경을 많이 쓰는데, 걷기여행 중에는 더욱 그렇다. 물론, 양말이란 게 맞춤형으로 제작한 것이 아닌 이상 좌우가 따로 있지는 않다. "머리 아프게 좌·우 신경 쓰느니 차라리 구분하지 않겠다"고 해도 잘못되었다고 말할 수 없다. 하지만, 일단 신으면 발가락 모양을 따라 조금씩 늘어나기 마련이고, 그 변형 상태는 세탁 후에도 남아 있는 게 일반적임을 감안하면, 처음 우측에 신은 양말은 세탁 후에도 우측에 신는 것이, 발이 좀 더 편하다고 할 수 있다. 내 손주의 '팬티 형 기저귀'를 보니 '앞·뒤'가 씌어 있었는데, 그처럼 양말도 '좌·우'를 표시해 주면 좋겠다는 생각을 해보기도 한다.

어제 경주에서 영천으로 걷다가 영천 시내가 가까워질 즈음 육군3사관학교의 위치를 안내하는 간판이 나타나, 3사관학교가 영천에 있다는 사실을 새롭게 알았다. 한글이름 밑에 영문도 병기했는데, 내가 평소 알고 있던 것과 달라 의아했다. 3사관학교의 숫자 '3'을 의미하는 단어 없이 'Korea Army Academy at Yeong-cheon'으로만 되어 있어, '영천에 있는 육군사관학교' 정도로 해석될 수 있었다. 서울에 육군사관학교, 영천에 육군3사관학교가 있는 셈이니, 3사관학교 위상이 이해되었다. 3사관학교는 1968년 세워졌고, 1972년 광주광역시에 있던 2사관학교를 흡수·통합해 확장한 것이라고 한다. 2사관학교가 없어졌으니, 3사관학교의 '3' 역시 더 이상 의미를 둘 필요가 없어졌을 것 같다. 전국걷기여행을 하다보면 덤으로 얻는 공부가 적지 않다.

죽는 것도 예습이 필요해
- 2022년 8월 21일
- 전국걷기여행 128일차(경북·대구지역 5일차)
- 경산시→청도군 31㎞, 경산역→숙소 1㎞

오전 2시 30분 경산 숙소를 나섰다. 하천변을 지나 칠흑 같은 어둠 속 길이 이어지니, TV 납량특집드라마 속 '저승사자'가 길을 안내하는 장면이 연상된다. 나이가 들다 보니 무서운 게 다 없어졌다. 귀신이 나타나면 오히려 심심치 않아 좋을 것 같다. 죽음을 피할 사람은 없으니 미리 느껴보는 것도 나쁘지 않다는 생각이 든다. 공부도 예습을 해 두면 더 잘할 수 있는 것처럼.

남천면을 걷다가 지도 앱이 "25번 국도로 올라가서 진행하라"고 안내하는데, 오르는 길이 보이지 않았다. 자세히 보니, 길 비슷한 것이 있기는 한데 잡초가 무성해 다니지 않게 된 것이었다. 잡초를 헤치며 오르다 나무가 빽빽하게 들어차 있어 더 이상 진행할 수 없었다. 가파른 국도 위로 직접 기어오르는 방법을 택하기로 했다. 가시덤불 헤치고 한참을 땀 흘린 뒤 비로소 국도로 올라설 수 있었다.

남성현 터널을 통과하니 청도지역으로 들어섰다. 민가가 나오고 개들이 짖어댄다. 생각해 보니, 시골동네를 지날 때마다 개들이 짖어대며 야단이었는데, 경산지역을 걸을 때는 특이하게 한 번도 짖지 않았다. 경산 개들은 새벽잠이 많은가 보다.

행복은 어디에
- 2022년 8월 22일
- 전국걷기여행 129일차(경북·대구지역 6일차)
- 경산시→대구수성구→동구→북구→서구
  →중구→대구시청→중구(동인동 숙소) 35㎞

어제 큰딸이 "손주가 열이 39.4도까지 올랐다"고 해서 걱정했었는데, 오늘은 "코로나19로 확진되었다"는 소식을 전해왔다. 아이의 탄생은 큰 경사이지만, 어른들에게는 아픈 손가락이 늘어나는 셈이다. '부모는 열 자식을 안고 보듬지만, 열 자식은 한 부모 모시기도 버겁다'는 말이 있다. 그간 시대가 많이 변했으니 부모들도 변할 만한 것 같은데, 정작 부모인 나 자신은 변하고 싶은 마음이 추호도 없다. 내 부모가 나를 대해 주셨듯, 나도 자식들을 그렇게 대할 뿐이다. 자식은 축복이지만, 영원한 '갑'이며 '상전'이다.

수성구청을 경유한 후 계속 걷는데, 영어로 "Where's happiness?", 즉

"행복은 어디에 있을까?"라는 글이 보였다. 가게 홍보를 위한 현수막이었는데, 특별한 느낌으로 다가왔다. 어제 경산 숙소의 여주인은 나를, "전국걷기여행 다닐 만한 여건은 되니 부럽다"고 했다. 생각해 보니, 어느 정도 맞는 말인 것 같다. 부자는 아니지만 생계 걱정할 정도도 아니고, 취미생활 즐기며 살려고 노력하는 편이다.

요즘 돈 많은 부모 믿고 방탕한 젊은이들이 적지 않고, 형제들이 재산 싸움으로 남보다 못한 사이가 되기도 하는 이 험악한 세상에서, 부자가 아니니 그럴 염려도 없다.

훈장이야
- 2022년 8월 23일
- 전국걷기여행 130일차(경북·대구지역 7일차)
- 대구시 중구(동인동)→남구→달서구→달성군 22㎞
- 대중교통 이동(대구북부터미널 숙박)

오전 6시 30분 동인동 숙소를 나섰다. 달성군 지역에 들어서고 옥포읍에서 버스정류소가 보여 잠시 쉬어갔다. 한동안 땀을 흘리며 걷다가, 무거운 배낭과 모자, 두건, 장갑, 토시, 신발, 양말을 차례로 벗고, 맨발마저 땅바닥에 내려놓으니 날아갈 듯하다.

하나씩 벗으며 내려놓을 때마다 시원함이 더해지는 묘미가 있다. 각각의 평균적 시원함을 '1'로 가정하면, 배낭 내려놓을 때 1.5, 토시를 벗을 때 '2' 정도로 시원하고, 맨발을 땅에 내려놓을 때는 '4' 정도로 최고여서

쾌감마저 느껴진다. 내려놓은 맨발을 보니 양쪽 둘째와 셋째 발가락 발톱이 까맣게 죽어 있는 것이 눈에 띄었는데, 그동안 온갖 고생을 무릅쓰고 걸어서 받은 '훈장'처럼 느껴졌다.

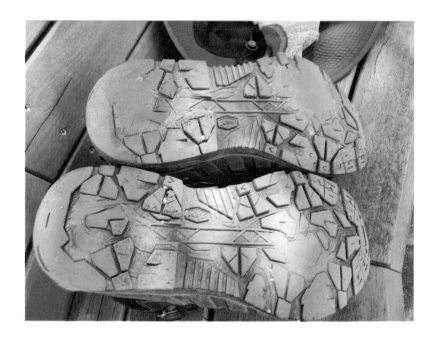

　신발 밑바닥도, 그동안 전국걷기여행을 하며 두 번이나 창갈이를 했지만 다시 많이 닳아져서, 이번 추석을 맞아 집에 갈 때는 다시 한번 수선을 맡겨야 할 것 같다. 얼마 전까지만 해도 이 정도는 아니었는데, 밑창 앞부분이 납작해지기 시작하고부터 닳는 속도가 두 배 이상 빨라진 것 같다. 계속되는 강행군으로 체중이 줄고 뱃살이 빠지다 보니, 배낭 어깨띠와 허리띠도 눈에 띌 정도로 많이 줄어들었다.

오전 5시 30분 비산동 숙소를 나섰다. 지도 앱은 금호 강변길로 안내한다. 비가 내리기 시작해서 우산을 꺼내 쓰고 걸었다. 어제 걷다가 신발에 작은 돌멩이가 들어간 듯한 느낌이 들어 잠시 멈추고 신발을 털어보았지만, 여전했다. 숙소에 도착해서는 깔창을 들어내고 걸레로 닦은 후 밤새 말렸다.

나는 걷기여행 중 '발'과 관련해서 조금이라도 불편한 느낌이 오면, 즉시 바로잡기 위한 조치를 취하는 편이다. 신발은, 쉽게 풀고 조일 수 있는 와이어 형태의 등산화를 즐겨 신는데, 꽉 조여 신는 게 습관이 되었다. 예전에 "복싱 선수들이, 경기 날짜가 잡히면 경기 끝날 때까지 이발은 물론이고 수염조차 깎지 않는다."는 말을 들은 적이 있다. 일종의 '금기(禁忌)'나 '정신무장'일 것 같은데, 내가 걷기여행 중 '발'을 대하는 자세와 유사한 것 같다.

불편한 것을 그대로 두면 물집 등 부작용을 유발할 수 있고, 발바닥과 다리, 허리의 근육과 관절에까지 나쁜 영향을 줄 수 있다. 그동안 작은 통증이 다른 통증을 만들고, 그 다른 통증은 또 다른 통증을 유발하는 상황이 적지 않았다. 작은 돌멩이는 물집을 만들고, 물집은 통증을 유발한다.

통증은 자기도 모르게 다른 부위를 비정상적으로 사용하게 하고, 비정상적인 사용은 또 다른 비정상 사용을 유발할 수도 있다. 나의, 발에 대한 이런 집착에 가까울 정도의 관리는, 도보여행에 복귀한 후 한 달 정도 지난 현재까지 매우 성공적이다. 과거에는 이 정도 지났으면 관절과 근육, 발바닥 등 곳곳이 아파 힘들어했을 텐데, 아직까지 큰 어려움 없이 진행하고 있다.

해랑교 다리를 건넌 후 논길을 지나 다시 금호강변을 거쳐 하빈면으로 들어섰다. 2㎞가량 오르막길이 계속되고, 아름다운 '낙동강 자전거 길'이 나타나 칠곡군청에 도착할 때까지 계속되었다.

오전 7시 30분 칠곡 숙소를 나섰다. 나는 요즘 도(道)를 닦는 사람들의 고충이 조금은 이해가 된다. 세상과 단절하는 것은 매우 어렵다는 것이다. 전국걷기여행을 시작하기 전에는 한 달 정도 걷다 보면 거의 '신선(神仙)'이라도 될 줄 알았다. 실제로 한 달 지나니 많이 달라진 것 같기는 했는데, '딱 거기까지'였다. 다시 한 달 지나니, 걷기여행 떠나기 전보다 여전히 낫기는 하지만, 다시 쓸데없는 잡생각들이 수시로 떠올랐다. 그리고 집으로 복귀해 한 달만 지나면 걷기여행 전 모습으로 되돌아가, 걷기여행 효과가 거의 없어지는 셈이 되었다. 요즘도 집 떠난 지 한 달을 지나다 보니 또다시 나아지기는 했다. 하지만 잡생각들은 여전히 떠오른다. 아름다운 추억과 기뻤던 일, 좋아하는 사람들이 떠오르기도 하지만 그건 잠시뿐이고, 기억하고 싶지 않은 순간들과 슬펐던 일들, 미운 사람들은 한번 생각나면 쉽게 떠나지 않는다. '걱정'한다고 해결될 것도 아닌데 참 많이도 한다. 자녀 걱정, 형제 걱정, 친구 걱정… 등등.

　전국걷기여행도 어느덧 종착지를 향해 달리고 있다. 이제는 큰 '깨달음'을 얻으려는 욕심보다는, 잡생각과 걱정으로부터 좀 더 자유로워지는 현실적인 목표로 바꿔야 할 것 같다. 내년 봄 전국걷기여행의 대미를 장식할 인천을 걸을 때는 아름답고 즐거운 생각만 할 수 있으면 좋겠다.

한낮이 지나면 밤이 오듯이

- 2022년 8월 26일
- 전국걷기여행 133일차(경북·대구지역 10일차)
- 성주군→고령군 28㎞

오전 4시 성주 숙소를 나섰다. 성주읍 중심가를 지나니 비탈진 산길로 접어든다. 조금 전까지만 해도 환하게 비춰주던 가로등은 온데간데없다. 어두울 때 걸으면 생각나는 노래가 있다. "한낮이 지나면 밤이 오듯이 우리의 사랑도 저물었네." 김성태 님의 유명한 '이별'이라는 노래의 2절인데, 내가 특히 좋아하는 가사이다. 작사자 박목월 시인이 젊은 시절 사랑하는 여인과 헤어지며 슬픈 마음에 젖어 쓴 시라고 한다. "기러기 울어예는…"으로 시작되는 1절도 좋지만, 나는 밤에 걸을 때면 특별히 2절을 반복해 부르곤 한다. 오늘도 열 번은 넘게 불렀다. 한낮이 지나면 밤이 찾아오지만, 밤이 있기에 아침이 온다. 세상사 기쁜 일 있으면 슬픈 일도 있고, 슬픈 일이 지나가면 기쁜 일이 다시 찾아오는 법이다.

드디어 '내 구역'으로 접수하는 거야

- 2022년 9월 13일
- 전국걷기여행 134일차(경북·대구지역 11일차)
- 왜관역→왜관읍(숙소) 1㎞, 칠곡군(왜관읍)→구미시 24㎞

오전 7시 왜관읍 숙소를 나섰다. 쾌적한 낙동강 자전거 길이 이어진다.

햇볕은 한여름과 비교할 정도는 아니지만, 여전히 무시할 수 없을 정도로 뜨겁다.

지난주 추석을 쇠기 위해 집에 다녀오는 동안 산소 벌초도 하고 가족들과 함께 할 수 있어 좋았다. 종영된 지 한 달 지났지만 여전히 글로벌 인기가 지속되고 있는 TV드라마 〈이상한 변호사 우영우〉를, 이틀에 걸쳐 16화까지 모두 봤다. 드라마 속 '팽나무' 실제 촬영지인 경남창원 동부마을의 위치도 확인해 보았는데, 내가 묵었던 '삼랑진'에서 서쪽으로 5㎞ 지점 낙동강 변에 위치해, 코스를 조금만 달리 했다면 지날 수도 있던 곳이었다.

전국걷기여행을 시작한 후로, 과거 걸었던 지역에 관한 소식을 접할 때마다 묘한 친근감이 느껴지고, 그 위치를 내가 걸은 코스와 비교해 가늠하는 듯이안 습관노 생겼다. 전국을 다 걷고 나면, 모든 지역이 마치

'내 구역'으로 접수될 것 같은 느낌도 든다. 그러고 보니, 내가 그 지역들에 느끼는 감정은, 흔히 영화나 드라마에 나오는 조직폭력배들이 자신들의 주 활동지역에 대해 느끼는 이미지와 조금은 닮은 것 같다.

할머니 손은 약손
- 2022년 9월 14일
- 전국걷기여행 135일차(경북·대구지역 12일차)
- 구미시→김천시 30㎞

오전 6시 구미 숙소를 나섰다. 김천시는 1995년 금릉군과 통합된 지역이다. 내 할머니가 '금릉 공씨(金陵 孔氏)'이니 김천시는 나와 혈통적으로 관계있는 지역인 셈이다.

나는 외아들이다 보니 할머니 사랑을 한몸에 받으며 자랐다. 의료 수준이 낙후되었던 당시 노인들이 모두 그랬듯, 할머니도 시력이 갈수록 떨어져 혼자 다니는 것조차 어려움을 겪으셨다. 나는 할머니 손을 잡고 눈과 지팡이 역할을 하며 하루 종일 붙어 다녔다. 잘 때도 옆에서만 잤는데, 어쩌다 배탈이라도 나면 할머니가 내 배에 손을 살포시 얹고 비비며 불러주시는 "할머니 손은 약손~" 자장가를 들으며 잠들곤 했다. 할머니는 내가 여덟 살 되던 해 겨울, 세상을 떠나셨다. 온 가족이 모여 곡을 하며 슬퍼했는데, 철없던 나는 집밖으로 나가 아무렇지도 않게 친구들과 뛰놀던 기억이 눈에 선하다.

그랬던 내가 성인이 된 후로는 할머니가 가슴 저리도록 보고 싶다. 내가 받은 '끔찍한 사랑'과 '바다 같은 은혜'를 갚을 방도가 없으니 그저 눈 감고 그리워할 따름이다.

어쩌다 미아
- 2022년 9월 15일
- 전국걷기여행 136일차(경북·대구지역 13일차)
- 김천시→상주시 40㎞

오전 2시 김천 숙소를 나섰다. 오늘따라 배낭 조이는 끈들이 자주 풀어져 얼굴과 몸 여기저기를 간지럽혀 성가시다. 매듭을 만들어 처리해 보기도 하지만 몸에 배기기도 하고, 조정하려면 다시 풀어야 하기 때문에 번거롭다.

내 배낭 경우에는 남는 허리띠를 말아 허리띠 주머니에 넣도록 되어 있는데, 나도 모르게 건드리는 경우가 많아 수시로 풀어진다. 그럴 때마다 일명 '찍찍이'를 이용해 쉽게 정리할 수 있으면 좋겠다는 생각을 해보곤 한다.

공성면 이화리를 지날 즈음 스마트폰 인터넷이 먹통이 되었다. 지도 앱과 걷기운동 앱도 '정지' 상태가 되었다. 순간 난감해졌다. 지도 앱이 없으면 길을 찾아갈 수 없고, 운동 앱이 없으면 걷기 기록을 남길 수도 없다. 다행히 30여 분이 지나니 복구되었다. 오늘은 길을 미리 파악하고 있어 다행이었지만, 모르는 상태에서 인터넷이 끊겼더라면 '미아' 신세가 될 뻔했다.

어제 상주 숙소에 도착하고 인근 식당에서 점심식사를 한 후 일어서려는데 갑자기 발목에 통증이 느껴져 제대로 걸을 수 없었다. 공성면을 지날 때부터 통증이 있었지만 참고 걸으니 나아졌는데 다시 악화된 것이다. 부딪치거나 다친 것도 아니고, 그동안 걷기여행하며 이런 적은 한 번도 없었다. '아침까지 이대로 낫지 않으면 일단 귀가할까, 아니면 상주에서 하루 더 쉬며 병원에 다녀오고 경과를 봐야 하나….' 고민 끝에 아침까지 기다려 보기로 했다.

알람 소리에 잠을 깼다. 몸을 움직이니 다시 통증이 느껴졌다. 그런데 신발을 신고 배낭을 멘 상태에서 움직여 보니, 뜻밖에 참고 걸을 만하다는 느낌이 왔다. 일단 걸어 보고, 중간에 통증이 심해져 정 참기 어려우면 택시를 불러 가까운 병원에 가기로 했다.

오전 6시 절뚝거리며 숙소를 나섰다. 처음에는 천천히 걸었는데, 조금씩 나아지는 듯해 서서히 속도를 높였다. 10여 분 지나니 좀 더 나아지고, 30여 분 지나니 스틱에 의지하지 않고도 걸을 수 있게 되었다. 한 시간 지나니 완전히 회복되었다. 걷기여행하다 보면, '도무지 알다가 모를 게 우리 몸'이라는 생각이 들 때가 많다. 아팠던 이유를 모르겠지만, 나아진 이유도 모르겠다.

오전 6시 문경 숙소를 나섰다. 어제 노부부가 운영하는 식당에서 식사를 했는데, 손님인 나를 사소한 부분까지 과하게 챙겨 준다는 느낌을 받았다.

경북 지역을 걸으며, 이곳 사람들이 의외로 배려심이 많다는 생각을 자주 한다. '단체 지향적'이라는 느낌도 든다. 어제 상주 외서면에서는, 도로 벽면에 음식 메뉴와 그림들만 그려져 있어 용도가 궁금했는데, 동네 식당들이 공동으로 홍보하는 것이었다. '우리~'가 포함된 단어도 자주 써서, 평소 '단체'를 중시하는 사고가 깊이 스며있는 것 같기도 한다. 물론, 이 모든 것들은 내 주관적 측면이 강해, "통계수치로 증명될 정도의 충분한 상황을 겪은 것은 아니지 않느냐?"라고 반문한다면 할 말은 없다.

외국인들이 '우리'라는 한국어 단어를 신기하게 받아들인다는 것을 들은 적이 있다. '내 나라' 아닌 '우리나라', '내 집' 아닌 '우리 집'으로 부르는데, '우리 마누라', '우리 영감'에 이르러서는, 마치 '배우자를 공유'한다는 의미로 오해할 만큼 소스라치게 놀란다는 것이다. 경북사람들을 대하니, 한국인이라면 누구나 편하게 쓰는 '우리'의 진정한 의미를 알 것 같다.

오전 6시 예천 숙소를 나섰다. 어제 충북 단양에 사는 고종사촌 누이로 부터 전화가 걸려왔다. 걷는 지역을 말하니 놀러 오라고 했다. 단양은 오늘 가는 영주시와 소백산을 경계로 인접한 지역이다. "고맙지만, 걷기여행 일정이 바빠 다음에 가겠다"고 했다. 누이는 나보다 한 살 연상이지만 초등학교를 한 해 늦게 입학해 같은 학년으로 친구처럼 편하게 지내 왔다. "돈 많은 작은오빠가 형제들 위해 아끼지 않고 쓴다."며 수시로 자랑하고, 나는 그때마다 "대단하다"고 맞장구 쳐주곤 한다. 재산 많은 집 치고 형제간 사이가 좋은 경우는 드물다. 특히 세대주인 어른이 돌아가시면 다툼은 더욱 심해지고 때로는 남보다 못한 사이가 되기도 한다. 망자(亡子)로서는 살아생전 피땀 흘리면서 번 재산을 자식들에게 남겨주고 간 것에 대해 저승에서 통탄하고 있을지도 모를 일이다. "사랑은 눈물의 씨앗"이라는 대중가요 노랫말이 있듯, '돈은 불행의 씨앗'이다.

매제가 세상을 떠났다는 슬픈 소식이 들려왔다. 매제는 나의 두 살 연하 여동생의 남편이지만, 나보다 8살이나 연상이었는데, 한마디로 '법 없이도 살 만한 선한 사람'이었다. 예전에 여동생이 "세상에 자기 마누라와 남편 자랑하는 사람은 팔불출이라지만, 오빠에게 자랑하고 싶다"며 보내 온 편지가 생각난다. 매제는 가정적이고 검소하다. 예전에는 늘 오토바이를 타고 다녔다. 준법의식이 정착된 요즘에는 상상할 수 없는 상황이긴 하지만, 처가에 왔다가 돌아갈 때는 교통비를 절약하기 위해 오토바이 한 대에, 캥거루가 새끼들을 품어 감싸듯 아내와 딸 둘, 아들 하나까지 자그마치 5명이 한 덩어리가 되어 타고 가던 정감 어린 모습을 잊을 수가 없다.

송충이와 솔잎
- 2022년 10월 5일
- 전국걷기여행 140일차(경북·대구지역 17일차)
- 영주터미널→숙소(영주동) 2㎞
- 영주시→봉화군 16㎞, 버스 이동(예천)

　오전 7시 영주 숙소를 나섰다. 지도 앱이 안내하는 길이 철길과 나란히 이어진다. 처음에는 추웠는데 걷다 보니 어느덧 땀이 난다. 중간에 물도 먹을 겸 잠시 쉬며 긴팔 상의를 반팔 티로 갈아입었다. 어제 김동길 명예교수가 94세로 별세했다는 뉴스가 전해졌다. 고인의 뜻에 따라 시신과 자택은 기증됐다고 한다. 고인은 민주화운동을 하다 탄압을 받기도 했고, 한때 정치현장에 뛰어들었다 곧 정계은퇴를 선언했는데, 대중들에게 많은 긍정적인 영향을 준 인물이라고 생각된다. 나는 고인이 정치보다는 학자가 어울리는 분이라고 생각했다. '송충이는 솔잎을 먹어야 한다'는 말이 있다. 역사에 가정이란 것은 있을 수 없지만, 고인이 정치를 하지 않았다면 대중들에게 더 사랑받는 인물로 남아 있었을 것 같다. 세상에는 정치인도 필요하지만, 학자도 있어야 한다.

살아남는 놈만 내 새끼
- 2022년 10월 6일
- 전국걷기여행 141일차(경북·대구지역 18일차)
- 예천군(숙소)→안동시(경북도청) 23㎞

오전 7시 예천 숙소를 나섰다. 집에서 머물렀던 지난주 10월 1일은 작은딸 생일이었다. 작은딸이 태어나기 전 아내는 태몽을 꾸었다. "고추나무에 주렁주렁 열린 고추들을 보았는데, 덜 익은 탓인지 모두 파랗다"고 했다. 얼마 후 딸이 태어났다. 집안 어른들은, 첫째가 딸이었기 때문에 둘째는 아들을 기대했던 터라, 내색은 안하셨지만 서운해하시는 게 분명했다. 작은딸이 비록 온전한 환영을 받지는 못했지만, 단지 '잠시'였다. 첫째 딸과 다름없이 눈에 넣고 다녀도 아프지 않을, 예쁘고 귀여운 손녀이고 딸이며 조카였던 것이다. 하지만 2년 후 남동생이 태어나자, 언니와 남동생 틈바구니에 끼이는 신세가 되어 버렸다. 딸은 이런 편치 않은

'틈새 환경'에도 불구하고 잘 컸다. 전혀 기죽지 않고 활달하며 매사에 긍정적이다. 경쟁심도 강하고, 눈치와 처세술, 통솔력도 수준급이다.

예전에 가족들이 휴가차 가평 북한강으로 가서 번지점프를 시도한 적이 있었다. 아이들이 공포 때문에 선뜻 나서지 못하고 있어 "성공하는 아이에게 상금 10만 원 주겠다"고 선언했다. 그러자 승부욕 넘치는 둘째 딸이 홀로 씩씩하게 뛰어내렸다. 살짝 곱슬머리였는데, 머리카락 편 상태를 유지하는 '매직파마'가 하고 싶어 그 비용을 벌기 위한 것이기도 했다.

성년이 되어 취업을 하는데 '영어 이름'이 필요하다고 해서, 내가 '카밀라(Camilla)'로 지어 주었다. 로마신화에 나오는 영웅적인 여성으로, 한때 왕이었으나 폐위 당한 아버지를 도와 목숨을 걸고 싸운 여전사이다. 딸은 열심히 일한 결과, '사상 최단기(4년)·최연소(20대)' 특급 매니저로 진급했다. 언젠가 사진 한 장을 찍어서 보내줬는데, 어째 좀 살벌한 분위기가 느껴졌다. 사무실 벽에 '팀훈'을 써 붙여 놓고, 밑에는 개인별 매출액이 적혀 있었다. 팀훈이 '가관'이다. "살아남는 놈만 내 새끼이다." 늘 씩씩하고 열심히 살아가는 딸이 기특하고 자랑스럽다.

한 지붕 두 가족

- 2022년 10월 7일
- 전국걷기여행 142일차(경북·대구지역 19일차)
- 안동시(풍천읍)→안동시(용상동) 19㎞

오전 8시 풍천읍 숙소를 나섰다. 어제 걷다가 경북도청까지 1㎞만 남아 있었는데, 뜻밖에 지도상으로는 여전히 안동시 아닌 예천군 지역이었다. 알고 보니, 도청 이전을 위한 신도시를 안동시 풍천면과 예천군 호명면에 조성한 것이 원인이었다. 서로 협력해서 도청 유치에 성공했을 때, 양 지역 주민들은 지역발전 기대감으로 매우 기뻤을 것 같다. 하지만 나는, 한 지역에 두 지방자치단체, 즉 복수의 관리주체가 있는 것은 좋은 선택이 아닌 경우가 적지 않다는 점을 한 번쯤 돌아볼 필요가 있다고 생각한다. '한 지붕 두 가족'인 셈이라서, 처리해야 할 일을 서로 미룰 수 있고 주민들은 혼선과 불편을 겪을 수도 있기 때문이다. 물론, 지금도 전혀 문제가 없을 것으로 믿는다. 두 지역이 계속해서 서로 잘 도와, 경북은 물론 대한민국에서 모범이 되는 도시로 발전했으면 좋겠다.

구계리 조난 사건
- 2022년 10월 8일
- 전국걷기여행 143일차(경북·대구지역 20일차)
- 안동시(용상동)→의성군 37㎞

오전 3시 30분 안동 숙소를 나섰다. 의성군 지역에 들어서고 단촌면 구계리 산길을 지나는데, 갑자기 길이 사라졌다. 지도 앱은 갈피를 잡지 못하고 왔다갔다하는 듯싶더니 멈췄다. 인터넷이 끊긴 것이다. 문득 젊은 시절 군에서 독도법 배우던 상황이 떠올랐다. 산 능선으로 올라가는 것이다. 능선에는 다른 능선으로 이어지는 길이 있을 수 있다. 고지대이니 내려가는 길이 보일 확률도 높고, 인터넷이 다시 연결될 가능성도 있다. 경사진 산중턱을 삼십여 분간 씨름한 후 능선에 도달했다. 인터넷이 기적같이 살아났다. "아~, 다행이다."

이제 내려가기만 하면 되는데, 지도 앱은 "길이 없어 안내불가."라고 나온다. 지형을 살펴보니, 옆 계곡에 돌무더기 흘러내린 곳이 있어 내려가기가 용이할 듯했다. 어렵게 산 아래 도착했는데, 저수지로 가로막혀 있었다. 저수지를 끼고 좌측으로 돌아가다 나무가 빽빽하게 들어차 있어 포기했다.

이번에는 우측으로 돌아가는 것을 시도했는데, 뜻밖에 최근까지 사람이 다닌 길 흔적이 있었다. "와, 살았다!" 나도 모르게 소리 질렀다. 샛길을 따라 내려가니 오전 7시 30분이었다. 정상적으로 내려갔을 때보다 90여 분이 지체된 셈이었다.

변화 무서우면 꼰대

- 2022년 10월 9일

- 전국걷기여행 144일차(경북·대구지역 21일차)

- 의성군→군위군 24㎞

오전 6시 의성 숙소를 나섰다. 어제 의성을 걸을 때 화산서원이 있었고 오늘 군위를 지나면서도 군위향교를 보는 등 적지 않은 유교관련 문화유적들을 볼 수 있어서, 이 지역 사람들은 적어도 '유교'에 대해서만큼은 자부심 가질 만하다는 생각이 들었다.

하지만 한편으론, 최근 '양성평등 의식' 등 급변하는 사회 환경 속에 새로운 문화를 적절히 수용하는 문제에 대한 고민도 그만큼 클 것 같다. 요즘 이미 구세대가 되어버린 나 같은 사람들도, 그 변화 속에서는 '꼰대' 소리 듣지 않도록 열심히 적응하는 것 외에 선택의 여지가 없기 때문이다.

어제 의성을 방문했을 때 '제5회 의성 마늘축제'를 알리는 홍보물이 보였다. 얼마 전 언론에서 '의성 마늘의 비극… 지역소멸 1위, 사람 없어 특산품까지 바꾼다'는 보도를 접한 게 생각난다. 갈수록 사람 구하기 어려워지며 외국인 노동자 없이는 마늘 수확이 어려운 실정이라는 것이다. 의성군으로서도 당장은 뾰족한 수가 없으니 참으로 답답할 듯하다.

삼국유사의 고장

- 2022년 10월 10일

- 전국걷기여행 145일차(경북·대구지역 22일차)

- 경주시→포항시(죽도동) 33㎞

　　오전 6시 경주 숙소를 나섰다. 어제 군위읍에 들어섰을 때 '삼국유사의 고장, 군위'라는 홍보 문구가 자주 보였는데 의미가 쉽게 이해되지 않았다. 나중에 확인해 보니, 13세기 말 역사서인 '삼국유사'가 저술될 당시, 저자인 '일연'이 머문 사찰이 군위군 지역의 '인각사'였으며, 2021년에는 인각사가 위치한 고로면이 삼국유사면으로 개칭되었다고 한다.

어제 군위버스공용터미널에서는 버스만 2대 서있고 사람은 볼 수 없어, 터미널이 폐쇄 또는 이전한 것으로 오해했었다. 주민들에게 물어보니, "인구가 적어서 늘 그렇다"고 했다. 1시간 반을 기다려 버스를 탈 수 있었는데, 그때까지 온 사람들은 모두 열 명도 되지 않았다. 인구가 계속 줄어들면 지역발전은 거의 불가능하다. 사람이 살아야 개발도 되고 세금을 많이 거둬들이게 되며, 주민들도 덕분에 윤택한 삶을 누릴 수 있기 때문이다.

그제 "대구시 편입 앞둔 경북 군위군에 인구가 몰린다."는 뉴스가 있었다. 인근 지자체들이 인구 감소로 어려움을 겪는 와중에 군위군 인구는 2만 3천여 명으로 지난 1월보다 304명 증가했는데, 대구시에 편입되면 1995년 편입된 달성군처럼 부동산 가격 상승 등 기대감 때문이라는 것이다. 군위군의 대구시 편입은 매우 현명한 선택인 것 같다.

아름다운 철길숲공원
- 2022년 10월 11일
- 전국걷기여행 146일차(경북·대구지역 23일차)
- 포항시(죽도동)→포항시(송라면) 24㎞

어제 포항 시내로 들어오면서 도시가 매우 아름답고 쾌적하게 조성되어 있다는 느낌을 받았다. 철길 나란히 조성된 '철길숲공원'을 지나왔는데, 휴식공간과 화장실 등 편익시설들을 완비하고, 예술품과 조형물, 나무, 꽃들이 잘 어울려 있었다. 많은 시민들이 걷기운동을 하거나 휴식을 취하기도 했다. 시청과 그 주변에도 꽃을 비롯한 식물들을 예쁘게 심어 놓았는데, 마치 '정원' 같은 느낌이 들기도 했다.

전국을 걸으면서 시·도청이나 시·군·구청을 방문할 때면, 방문하는 기관 이미지에 따라 그 지역 호감도가 상승하거나 내려가기도 한다. 포항은 당연히 상승했다.

오전 7시 30분 죽도동 숙소를 나섰다. 지도 앱은 시내를 지나 7번국도로 안내하는데, 차가 기다랗게 늘어선 줄이 경북 최대 도시 포항의 위용을 말해주는 듯하다. 길가에는 높다란 메타세쿼이어 나무들이 시원하게 늘어서 있었다.

68㎞? 72㎞? 도대체 뭐가 맞아

- 2022년 10월 12일

- 전국걷기여행 147일차(경북·대구지역 24일차)

- 포항시(송라면)→영덕군 27㎞

오전 6시 송라면 숙소를 나섰다. 한 시간가량 지나니 동해바다와 화진 해수욕장이 보이고, 동해안을 따라가는 '해파랑길'도 나타났다. 국도 옆으로는 보행자와 자전거 이용자를 위한 길이 조성되어 있었다.

강구항이 가까워질 무렵 도로이정표에 의문이 생겼다. '영덕 10㎞, 울진 78㎞', 즉 영덕에서 울진까지는 두 지역 도달거리의 차이인 68㎞라는 계산이 나온다. 새벽부터 7번 국도를 걸어오며, 영덕에서 울진까지의 거리 차이가 72㎞로 계산되는 표지판만 봐왔는데 갑자기 4㎞가 사라진 셈이니 뭔가 잘못되어 있는 것이 분명했다. 나중에 영덕군청에 도착해서 지도 앱을 통해 거리를 확인하니, 의문이 어느 정도 풀린 것 같았다. 직선거리는 68㎞가 맞지만, 차량으로 운전해서 가면 72㎞였던 것이다.

세상은 요지경

- 2022년 10월 13일

- 전국걷기여행 148일차(경북·대구지역 25일차)

- 영덕군→청송군(주왕산면) 36㎞

오전 5시 영덕 숙소를 나섰다. 어제 영덕군청을 방문했을 때, 정문 앞에서는 특정 시설 설치를 반대하는 농성이, 천막을 치고 스피커를 크게 틀어 놓은 상태로 장기간 진행 중이었다. 전국 지방행정기관의 정문 앞은 단골 농성장이 된 지 이미 오래다. 이유를 들어 보면 정말 서운하고 급박한 경우도 있지만, 때로는 '이렇게 해야 뭐라도 얻어낼 수 있다'는 심리도 없지 않은 것 같다. 농성이 옳지 않다는 것을 알면서, '못 먹는 감 찔러나 본다'는 식의 막무가내 행동을 하기도 한다. 기관들로서는 섣불리 대응했다가 '표'가 떨어질 수도 있기 때문에 이러지도 저러지도 못하는 경우가 적지 않다. 걷다가 요란한 마이크 육성과 노랫소리가 들리면 지방행정기관이 가까워졌다는 것을, 지도를 볼 필요도 없이 눈 감고 바로 알 수 있다. '세상은 요지경'이다.

유교적인 경북

- 2022년 10월 14일
- 전국걷기여행 149일차(경북·대구지역 26일차)
- 청송군(주왕산면)→군청(청송읍)→청송군(진보면) 32㎞

오전 5시 40분 주왕산읍 숙소를 나섰다. 용전천 옆을 걷는데, 어제 묵은 민박집 노인으로부터 전화가 걸려왔다. "아침에 일어나니 내가 떠나고 없어서, 혹시 불편한 것은 없었는지 염려되어 전화했다."라고 했다. "건강에 유의하고, 걷기여행 무사히 마치기 바란다."는 격려의 말도 덧붙였다. 내가 그동안 좋은 숙박업소 주인들을 많이 만났지만, 이미 떠났는데도 전화해서 안부 묻고 덕담해 주는 사람은 처음이다. '경북지역 사람들은 예의 바르다.'는 생각을 또나시 하게 된다.

　경북사람들이 예의 바른 것은, '예'를 중시하는 유교문화가 발달한 것과 관련이 있는 것 같다. 예전에 중국인들, 일본인들과 대화를 나누다 보면, 가끔 "한·중·일 3국 중 한국이 유교문화를 가장 많이 유지하고 있다."는 말을 들은 게 생각난다. 내가 겪어 보니, 그중에서도 경북지역 사람들이 특히 유교적이라는 확신이 든다.

'개' 탈출 넘버원

- 2022년 10월 15일

- 전국걷기여행 150일차(경북·대구지역 27일차)

- 청송군(진보면)→영양군 22㎞

- 영덕터미널→숙소(영덕읍) 2㎞

　오전 5시 진보면 숙소를 나섰다. 3㎞가량 걸었을 무렵, 영양에서 낙동강으로 흘러드는 반번천을 끼고 좌측 31번국도로 접어들었다. 이어서 다리를 건너고 주유소가 나왔는데, 갑자기 개 두 마리가 사납게 짖어대며 나를 향해 달려왔다. 내가 평소라면 꽤 무서워했을 것 같은데, 다행히 무기로 전용이 가능한 '스틱'을 쥐고 있어 걱정이 덜 했다. 이럴 때는 '기'에서 밀리면 안된다. 덤빌 테면 덤벼보라는 듯 다가가자, 개들은 움찔하며 뒷걸음질쳤다. 때마침 주유소 주인인 듯한 남자가 개가 짖어대는 소리를 듣고 황급히 뛰쳐나와 개들을 진정시켰다. 몇 년 전 TV채널에서 인기리 방영된 '위기 탈출 넘버원'이라는 예능프로가 생각난다. 오늘은 '개 탈출' 순간이었다.

'인구'가 문제야
- 2022년 10월 16일
- 전국걷기여행 151일차(경북·대구지역 28일차)
- 영덕(영덕읍 숙소)→울진(후포면) 36㎞

오전 4시 30분 영덕 숙소를 나섰다. 지도 앱은 7번국도의 구(舊)도로로 안내한다. 구도로는 신도로에 비해 좌우 굴곡이 심해 거리가 늘어나기는 하지만, 차량통행이 적어 걷기에는 더 좋다. 영양군은 인구밀도가 전국 시·군 중 두 번째로 낮고, 오지로 알려진 이른바 'BYC' 즉 봉화·영양·청송 지역 중 한 곳이다. 오래전인 1973년까지는 인구가 7만 명을 넘기도 했지만, 이후 계속 감소해 현재는 1만 6천여 명에 불과하다. 인구감소 문제는 지방은 물론 국가 차원의 급박한 문제이기도 하다. 요즘 인구문제와 관련하여 보도되는 것을 보면, 정부는 물론 사회 각계각층 모두가 고민이 깊은 듯하다.

　나는, 출산율 문제의 실질적인 해소를 위해서는 정부가 지원에 대한 마인드를 근본적으로 바꿀 필요가 있다는 생각을 자주 한다. 잠깐씩 언론에 노출되는 단순한 '퍼주기'식 예산 투입만으로는 불가능하다. 민·관이 힘을 합해 실행 가능한 수단을 총동원할 필요가 있으며, 그런 상태에서 각종 지원에 따른 총괄적인 이익과 혜택이, 출산과 양육에 따른 각종 부담과 불이익을 충분히 능가하는 환경을 조성해야 비로소 가능하다고 보는 것이다. 충분하지 않은 지원은 전혀 지원하지 않는 것과 다르지 않다. 자기보다 몸무게가 더 나가는 사람과 시소에 올라 있는 상황을 가정할 때, 무게 차 이상의 물건을 올려주지 않는 한 내려가 있는 상태가 되는 것은 불가능한 것과 같은 이치라고 할 수 있다.

　대책의 예를 들자면, 경제적 부담 완화를 위해 자녀 특히 다자녀를 낳은 자(남편 및 부인)에 대하여는, 공공기관뿐 아니라 민간기업 등에서 취업과 진납, 주택청약, 행정기관의 각종 지원 사업에 상식을 뛰어넘는 최고 수준의 가점 등, 그야말로 '깜짝 놀랄 만큼 획기적인' 혜택을 주는 방안도 있을 것이다. 동시에 역으로 자녀를 낳지 않은 자(남편 · 부인, 미혼자 포함)들은 각종 불이익을 감수하며 몹시 불편하게 살아야 하는 '기상천외한' 환경을 만드는 방안도 있다. 체계적으로 강력히 추진할 수 있도록 대통령 직속 또는 국무총리 주관 컨트롤타워를 구성하거나, 인구문제 대응을 전담하는 (가칭)인구부를 신설할 수도 있을 것이다.

'동선 정하기' 퀴즈풀이
- 2022년 10월 17일
- 전국걷기여행 152일차(경북·대구지역 29일차)
- 울릉군(울릉읍 사동항)→(시계방향 이동)
→울릉읍(저동항 인근 숙소) 34㎞

오전 6시 30분 후포면 숙소를 나섰다. 후포여객터미널에 도착하고, 8시 30분 배가 후포항을 출발했다. 울릉도 사동항에 도착하니 오후 1시였다. 배에서 내리고, 바로 울릉해안순환로를 따라 시계방향으로 걷기 시작했다. 을릉도에서 숙소를 정하는 것은 쉽지 않았다. 잠자는 것뿐 아니라 걷는 동선까지 감안해야 했기 때문이다. 걷기여행을 하다 보면 동선을 정하는 것이 '퀴즈풀이' 같다는 느낌이 들 때가 있다. 배편, 길의 여건, 숙소 위치, 걷는 방향 등 외부적인 요인에 따라 다양한 경우의 수가 가능한 오늘이 비로 그랬다.

오후 6시를 지나며 빗방울이 떨어지고 어둠이 깔리기 시작한다. 천부항이 가까워지자 빗방울이 굵어지고 세찬 바람이 휘몰아친다. 잠시 고민에 빠졌다. '천부항에서 12㎞만 더 걸으면 숙소에 도착할 수 있으니, 차라리 오늘 걷는 김에 조금 더 걷고 내일 사동항까지는 편안하게 가는 것이 좋지 않을까…' 결국 더 걷기로 마음먹었다. 천부항에 도착했는데 제법 큰 정류소가 있고, 버스 2대가 출발시각을 기다리고 있었다. 잠시 '버스를 탈까?' 유혹에 빠지기도 했지만, 마음을 굳게 먹고 바로 떠났다. 북서 해안부터는 구불구불한 도로가 거의 사라지고 대신 터널이 수시로 나타났다. 칠흑같이 어두운 밤 폭풍우 속에 마르크스아우렐리우스 명상록을 들으며 걸으니 행복하다. 형언할 수 없는 환희(歡喜)와 평온(平穩)이 파도와 함께 밀려오는 것 같다. 가끔씩 좌측 무인도인 듯한, 거대하고 시커먼 물체와 우측의 울릉도 땅 사이로 내가 걸어가는 장면이 연출될 때는, 마치 꿈속을 거니는 느낌이 들기도 했다.

독도는 우리 땅
- 2022년 10월 18일
- 전국걷기여행 153일차(경북·대구지역 30일차)
- 울릉읍(저동항 인근)→사동항 7㎞

오전 11시 저동항 숙소를 나섰다. 어제 오늘 걸을 거리를 많이 걸어둔 관계로, 오늘은 7㎞가량만 걸으면 된다. 도동항 쪽으로 들어서고, 울릉 군청을 경유했다. 이어서 사동항으로 가기 위해 산길로 올라가는데 누군가 반갑게 인사하며 "오늘 얼마나 걸으셨어요?"라고 묻고, "힘내세요."라며 격려해 주어 고마웠다. 어제 배를 타고 올 때 같은 객실에 있던 사람이었다. 가끔 보이는 택시와 경찰차량들은 하나같이 SUV 차량인 게 신기했다. "울릉도는 길이 험해서 예전부터 그렇다"고 한다. 곳곳에 태극기가 많이 나타난다. 독도관련 행사에 대한 플래카드도 자주 눈에 띈다. 울릉도는 세 번째 방문인데, 올 때마다 나라를 사랑하지 않으면 안 될 것 같은 의무감이 든다. 갑자기 '독도는 우리 땅'이라고 외치고 싶다.

버리지 못하는 인간, 버릴 줄 아는 AI
- 2022년 10월 19일
- 전국걷기여행 154일차(경북·대구지역 31일차)
- 울진군(후포면)→울진군(매화면) 29㎞

오전 8시 후포면 숙소를 나섰다. 걷다 보면, 마음이 평온해지기도 하지만, 때론 전혀 쓸데없는 잡생각이 계속해서 날 때도 있다. 요즘 그 원인에 대해서 생각해 보았는데, '욕심'이 주범이라는 확신이 든다. '돈 욕심', '사람 욕심'이 특히 그렇다. 내 주변에는 소위 '재벌'이라고 부를 정도로 돈 많은 사람이 없기는 하지만, 대략 '집 한 채 있고 끼니 걱정은 하지 않을 정도의 재력'을 가진 사람들이 가장 행복하게 살아가는 것 같다. 내가 독실한 기독교 신자는 못 되지만 특별히 좋아하는 성경구절이 있다. "가난하게도 마옵시고 부하게도 마옵시고, 오직 필요한 양식으로 내게 먹이시옵소서(잠언 30장 8절)."

그런데 정작 문제는 또 다른 곳에 있을 수도 있다. 머리로는 이해되지만, 몸으로 실천하는 것은 또 다른 영역이라 현실적으로는 쉽지 않은 것이다. '만물의 영장'이라는 인간이 알고도 행동에 옮기지 못하니, 이럴 때 보면 참으로 어리석다는 생각이 들기도 한다. 내가 만일 인간이 아닌 AI(인공지능)라면, 이런 '욕심'에 절대로 미련을 두지 않을 것 같다. 평소 프로바둑기사들의 대국 감상을 즐기는 나는, AI를 활용해 진행되는 해설을 보노라면 그야말로 '신의 영역'이라고밖에 할 수 없는 '놀라운 수'들을 접하며 감탄사를 남발하곤 한다. 세계 초일류 프로기사들조차 AI에게는 상대가 되지 않는다. 아무리 큰 대마라도 승리를 위해서라면 과감하게 버리는 것이 특히 인상적이다. '버리지 못하는' 인간은 버릴 줄 아는 AI를 절대 이길 수 없다.

내 땅 하늘에 열린 감
- 2022년 10월 20일
- 전국걷기여행 155일차(경북·대구지역 32일차)
- 울진군(매화면)→울진군(울진읍) 16㎞

오전 8시 매화면 숙소를 나섰다. 지도 앱은 오늘도 동해안을 따라 안내한다. '해파랑길'을 걷다 보면 지속적인 보완과 관리가 필요하다는 생각을 자주 하게 된다. 기존의 길을 '짜 맞추기'한 후 청색 선만 긋고 이름만 붙인 듯한 곳도 적지 않다. 디자인과 자재를 표준화하고 '산티아고 순례길'의 조개표시처럼 로고도 만들어, 고유 이미지를 만들어 가면 좋겠다는 생각도 든다.

　망양정을 지나고 왕피천을 건너 울진읍으로 들어서는데, 길가로 늘어
져 열매를 맺은 감나무 한 그루가 나타났다. 갑자기 어릴 적 들었던 옛날
이야기가 생각난다. 심술궂은 한 노인이 담 밖으로 늘어진 옆집 감나무
에서 감을 따고는, '내 땅 위에 열렸으니 내 것'이라고 주장한다. 감나무
가 주인의 땅에 뿌리를 내리기는 했지만, 도로인 울진군 땅 위 하늘을 침
범해 열린 상황에서는 과연 소유권이 누구한테 있다고 해야 할지, 갑자
기 법의 판단이 쓸데없이 궁금해진다. 대구 · 경북 지역 걷기일정을 마무
리했다. 32일간 2개 시 · 도청과 31개 시 · 군 · 구청을 순회하며 876㎞를
걸었다. 총 누적거리는 4,675㎞가 되었다.

11. 서울시 지역

붕어빵 아들

- 2022년 10월 28일

- 전국걷기여행 156일차(서울지역 1일차)

- 전철 이동(수원→서울), 을지로입구역→서울시청

  →중구→용산구→마포구→강서구 27㎞

　오전 6시 수원 자택을 출발해 광역버스를 타고 을지로입구역 앞에 내리니, 오전 7시 30분이었다. 우선 가까운 서울시청과 중구청을 경유해 인증 샷을 촬영한 후, 남산 벚꽃 길을 거치고 남산을 넘어 용산구청으로 향했다.

　오늘은 하나밖에 없는 아들의 생일이다. 아들이 태어나기 한 달 전쯤 이야기이다. 버스가 시골길을 달리고 있었다. 저만큼 보이는 정류장에는 인자하게 생긴 할머니가 아기를 포대기에 싸서 안고 서 있는 것이 보였다. 버스가 서고, 할머니는 열린 버스 문을 통해 포대기에 싼 아기를 나에게 건넸다. 포대기의 온기와 축축한 느낌이 손바닥을 통해 느껴졌다. 아기가 '쉬'를 한 것이다. 갑자기 '아기 성별이 궁금해졌다. 손을 천천히 아기 다리 사이로 가져갔는데 '물컹한' 느낌이 왔다. 사내아이다. 깨어보니 꿈이었다.

얼마 후 아내는 건강한 남자아이를 순산했다. 아들은 어려서부터 나를 많이도 닮아 보는 사람들마다 '붕어빵'이라고 놀리기 일쑤였다. 성격도 거의 똑같다. 얼마 전 가족들과 재미삼아 MBTI 성격유형 테스트를 해 본 적이 있었다. 나와 아들 모두 INFJ-T(선의의 옹호자)로 동일한 결과가 나왔는데, 1%도 채 되지 않는 희귀한 유형이라고 한다. 역시 내 아들답다.

무늬만 크리스천
- 2022년 10월 29일
- 전국걷기여행 157일차(서울지역 2일차)
- 강서구(숙소)→양천→영등포→구로→금천→동작→관악구 32㎞

오전 6시 30분 강서구 숙소를 나섰다. 어제 전쟁기념관 앞을 걸을 때 시위대의 마이크 소리 때문에 꽤 소란스러웠는데, 옆에는 시위대 위세에 주눅 들지 않고 꿋꿋이 자기 할 일을 하는 또 하나의 소리가 있었다. 기독교를 전도하는 어느 개인이었다. 전국을 걷다 보면, 길에서 종교를 전도하고자 하는 적지 않은 사람들을 만난다. 예전 어느 책에서 본 '우리는 종교친화적인 민족'이라는 글이 생각난다. 어떤 이들은 '우리는 영적인 민족'이라는 다소 거창한 주장을 펼치기도 한다. 하지만 나는, 엄연한 우리 민족의 일원임에도 불구하고 오히려 정반대였던 것 같다.

나는 중학교 2학년 신학기가 시작될 무렵 어머니 권유로 기독교에 입문했다. 당시 부모님 말씀을 이행하지 않는 것은 자식으로서 도리가 아니라는 관념이 당연시되던 시절이라 별 생각 없이 교회에 나갔다. 하지만 주관이 강하고 철두철미한 성격 탓에 신앙심은 거의 성장하지 못했는데, 종교의 기본이라 할 수 있는 '신의 존재'를 확신할 수 없었던 것이 가장 큰 이유였다. 스무 살을 넘어 성인이 되고 군에 다녀온 후에도 여전했다. 성경책도 읽어 보고, 때론 목사님과 독대하기도 했지만 달라지지 않았다. 결국, 시간에 맡기는 '방치' 전략을 택하기로 했다. 하지만 애석하게도, 그 후 짧지 않은 세월을 거쳐 환갑이 지난 현재까지 방치는 계속되고 있다. 그러니 누가 나에게 '무늬만 크리스천'이라고 놀려도 할 말은 없다.

어머니는 내가 환갑이 되던 해에 돌아가셨다. 장례 후 한 달쯤 지났을 때 김 목사님께 식사를 대접하며, 과거 신앙에 순종적이지 않아 목사님 마음을 아프게 해드린 점에 대해 깊이 사과드렸다. 어머니는 비록 떠나셨지만, 내 방 책상 옆 진열대에는, 어머니 생전에 김 목사님이 주신 '권사 임명패'와, 교회창립 20주년 기념일에 주신 '감사패'가, 어머니가 친정 고모뻘 되시는 분으로부터 물려받으신, 100년도 더 지나 해지고 누렇게 바랜 '성경책'과 함께 소중히 보관되어 있다.

역시 서울이야
- 2022년 10월 30일
- 전국걷기여행 158일차(서울지역 3일차)
- 관악구(숙소)→서초구→강남구→송파구→강동
  →광진구→성수동(숙소) 31㎞

오전 6시 관악구 숙소를 나섰다. 지도 앱은 '남부순환로'로 안내한다. 서울지역을 걸으면서부터 '서울은 뭔가가 다르다'는 느낌을 수시로 받는다.

첫째, 무엇보다도 사람들의 준법의식이 높은 것 같다. 서울은 다른 지역과는 비교할 수 없을 정도로 신호등이 많은데, 아무리 급해도 웬만하면 파란불이 들어오고 나서 길을 건너는 것을 보았다. 둘째, 터널을 지날 때는, 마치 지하철 내부처럼 바닥에서 천장까지 투명칸막이로 막아 놓아, 매연과 교통사고 걱정 없이 안전하게 통행할 수 있었다. 지금까지 전국 대부분의 지역을 걸었지만 다른 곳에서 이런 안전시설을 지난 적은 없었다. 셋째, 가로수로 은행나무를 많이 심어 놓았는데, 다른 지역과는 달리 나뭇잎만 주로 떨어지고 은행은 거의 없어서, 은행에 의한 악취 피해도 없었다. 생각해 보니, 얼마 전에 보도된 "서울시, 진동수확기 · 그물

망 동원해 채취, 열매 없는 수나무로 교체" 뉴스와 무관하지 않다는 것을 알 수 있었다. 넷째, 식대와 숙박비가 다른 지역에 비해 의외로 비싸지 않다는 것이다. 내가 서울에서 3일째 한식뷔페를 이용했는데, 모두 전국 최저수준인 6천 원에 불과했고, 스파게티 등 서양식을 같이 제공하는 퓨전뷔페도 있어 좋았다. 숙박도, 대실을 많이 운영하는 대도시의 특성상 입실시각을 맞추기가 어려워서 부득이 3일 연속 '모텔'이 아닌 '여관'을 이용할 수밖에 없었는데, 1박당 2만 5천~3만 원으로 적당한 가격이었다. 건물 외부 수준은 다른 지역과 비슷했지만 청소 상태와 침구류, 수건 등 가장 중요한 '위생과 청결'만큼은 기본적으로 확보되었다는 느낌을 받았다. 역시 서울은 서울이다.

오전 6시 30분 성수동 숙소를 나섰다. 오늘 성동구 지역을 걸은 구간이 그리 길지는 않았지만, 청사 주변과 도시기반시설들이 전반적으로 예쁘게 가꾸어져 있다는 느낌을 강하게 받았다. '성동형 스마트쉼터'라고 씌어 있는 버스정류소도 인상적이었는데, 전면에는 '공기청정과 냉난방, CCTV, 와이파이, 휴대폰 유무선 충전 등을 제공한다.'는 친절한 안내문도 있었다.

중랑구청과 노원구청을 경유하고 상계동 지역을 지나는데, 갑자기 하늘이 다가오는가 싶더니 내가 땅을 향해 누워 있었다. 정신을 차려 보니 돌출된 나무뿌리에 걸려 넘어진 것이었다. 지나가던 행인들이 우르르 다가와 "괜찮냐"고 물었다. 몸을 움직여 보니, 좌측 팔꿈치에 부딪쳐 생긴 듯한 가슴 통증과, 우측 엄지손가락 부위가 바닥에 스쳐 조금 피가 나고, 무릎이 조금 까진 것 외에 크게 다친 곳은 없는 듯했다.

10월 31일, '10월의 마지막 밤'이다. 갑자기 어디선가 노랫소리가 들려온다. 매년 이맘때면 어김없이 불리는 대중가요 '잊혀진 계절'이다. "이룰 수 없는 꿈은 슬퍼요…." 오늘따라 '이태원 핼러윈 사고'의 안타까운 이별을 전하는 듯해 더욱 구슬프게 들린다.

오전 6시 수유동 숙소를 나섰다. 성북구청을 경유한 후 은평구청을 향해 걷는데, 북악산을 넘는 '한양도성 길'이 이어졌다. 예로부터 '사람은 낳아 서울로 보내고 말은 제주로 보내라.'는 말이 있다. '서울 구경'은 어른이 아이들에게 베푸는 최고의 현장교육이었고, 아이들의 로망이던 때도 있었다. 한국인의 자식에 대한 교육열은 반론 여지가 없는 사실인 듯하다.

생각해 보면, 나 역시도 보통의 '한국인 부모' 중 한 사람으로서 아이들을 가르치려고 나름 꽤나 노력했던 것 같다. 고가의 과외나 외국유학을 보낼 만큼 부자가 아니기 때문에, 초등학교 때부터 직접 가르치기로 했다. 글로벌 시대에 필수라 할 수 있는 '영어회화', 그리고 세상과 나라를 이해하는 데 필요한 '국사'와 '세계사'를 매일 두 시간 이상씩 지독하게 외우게 했다. 하지만 이런 노력에도 불구하고 성과가 크게 만족스럽지는 않았다.

내가 만일 과거로 돌아간다면, 가르치지 않고 '좋아하는 것 맘껏 하며 즐기라'고 할 것 같다. 말을 물가로 끌고 갈 수는 있지만 물을 먹는 것은 결국 말 자신일 수밖에 없는데, 끌고 가기만 하면 먹을 것으로 믿었던 것 같아 후회된다.

버티고개 앉을 놈들
- 2022년 11월 2일
- 전국걷기여행 161일차(서울지역 6일차)
- 종로구→수원 42㎞

어젯밤까지만 해도 수도, 서울을 마무리 하는 의미에서 자택이 있는 수원까지 '경치 좋은 길' 위주로 이틀에 걸쳐 걷는 '특별 일정'을 운영하려고 했었다. 그런데, 밤새 변수가 발생했다. 그제 도봉구 지역을 걸을 때 다친 가슴 부위 통증 때문에 숙면을 취하기가 어려웠던 것이다. 어쩌다 자세를 바꾸기라도 하면 "윽" 하는 신음소리가 절로 나왔다. 결국, 최단

거리 위주로 재구성하고 수원 자택에 도착하기 직전 병원에 들르는 것으로 변경했다.

오전 7시 종로구 숙소를 나섰다. 한남대교 방향으로 걷는데, 가까운 곳에 '버티고개'가 있었다. 몇 년 전 크게 히트한 TV 드라마 〈별에서 온 그대〉 중, 도민준(김수현 분)이 천송이(전지현 분)에게 "이런 밤중에 버티고개 가서 앉을 놈들"이라는 '조선 욕'을 인용하는 장면이 생각난다. 버티고개가 가끔 도둑들이 숨어 있어 생긴 말이라고 한다.

수원 지역에 들어섰다. 병원부터 들렀는데, "다행히 심하지 않고, 갈비뼈에 미세골절이 생긴 것 같다."면서 약을 처방해 주었다. 서울 지역 걷기일정을 마무리했다. 6일간 1개 특별시청과 25개 구청을 순회하며 190km를 걸었다. 총 누적거리는 4,865km가 되었다.

12. 제주도 지역

갈비뼈가 두 개나 부러졌어

- 2022년 11월 15일

- 전국걷기여행 162일차(제주지역 1일차)

- 제주공항→도청→제주시청→제주시(건입동) 10㎞

　서울 걸을 때 다친 가슴 부위는 타박상 정도로만 알고 있었는데, 통증이 계속되어 추가검사를 해 보니 갈비뼈가 두 개나 부러져 있었다. 의사는 복대를 매어 주며 당분간 충분히 쉬라고 권했다. 하지만 그러려면 제주여행 일정을 미뤄야 하는데, 연말에는 다른 일정이 들어차 있었고, 길이 미끄러워 교통사고 위험이 높은 겨울철도 다가오니 내년 봄까지도 어려울 것 같다. 어렵지만 강행하기로 하고 항공편을 예약했다. 오전 8시 수원 자택을 출발해 김포공항을 거쳐 제주공항에 도착했다. 우선 가까운 도청과 제주시청을 경유했다. 숙소에 도착하니, 오후 4시 50분이었다.

아줌마도 '삼촌'이야

- 2022년 11월 16일

- 전국걷기여행 163일차(제주지역 2일차)

- 제주시(건입동)→구좌읍(평대리) 33㎞

　오전 5시 45분 건입동 숙소를 나섰다. 지도 앱은 1132번지방도를 따라가는 '환상 자전거 길'로 안내한다. 조천읍이 가까워지고 어둠이 걷히며 맑은 해가 떠오른다.

　점심 때가 되었는데 마침 길가에 내가 좋아하는 뼈해장국 집이 보여 들어갔다. 사람들이 줄을 서 대기하고 있었다. 여종업원이 다가와 "다음은 삼촌 순서예요."라고 알려주었는 데, 얼마 전 방영된 제주도 배경의 TV드라마 장면이 생각났다. 제주에서는 어른을 남녀 구분 없이 '삼촌'으로 부른다는 것이다. 사실 촌수만 따지고 보면, 남성인 작은아버지·큰아버지 뿐 아니라 여성인 고모·이모도 염연한 3촌이니, 남성만 삼촌으로 부르는 것은 이치에 맞지 않는다. 평소 강인하고, 양성 간 차별 없는 사회를 지향하는 제주도 여성의 단면을 보는 느낌이었다.

'무'처럼만 살아 봐

- 2022년 11월 17일

- 전국걷기여행 164일차(제주지역 3일차)

- 제주시(구좌읍)→서귀포(표선면) 30㎞

오전 7시 구좌읍 숙소를 나섰다. 어제 구좌읍 지역을 걸은 때는 희귀한 광경을 목격했다. 도로 가장자리의 콘크리트와 중앙 아스콘이 맞닿은 부분에 작은 틈새를 비집고 자란 풀들이 간혹 보였는데, 그중에는 놀랍게도 밑동이 '어른 팔목' 정도로 굵게 자란 '무'도 있었다. 사람이 이 무처럼 열심히 살아간다면 이루지 못할 일이 없을 것 같다. 인간들은 스스로를 '만물의 영장'이라 부르며 '최고'라고 여겨왔지만, 하찮게 보이는 식물들도 위대할 수도 있다는 생각에 고개가 절로 숙여질 뿐이다.

종달항을 거쳐 성산읍에 들어섰다. 오조리상동 입구에서 영상을 촬영하며 걷는데, 갑자기 몸이 기우뚱하더니 우측으로 두세 바퀴 구르면서 널브러졌다.

주변을 살펴보니 야간에 차선 식별을 돕는 노면 조명장치가 돌출되어 발에 걸린 것이었다. 우측 팔꿈치 아래 부분과 무릎이 까져 피가 난 것 외에는 다행히 크게 다친 곳은 없었다. 지난번 다친 가슴 부위가 회복되지 않은 상태에서 더 다치지 않은 것이 천만다행이었다.

세 번째 올레여행

- 2022년 11월 18일
- 전국걷기여행 165일차(제주지역 4일차)
- 서귀포(표선면)→서귀포(서귀동) 32㎞

오전 5시 50분 표선면 숙소를 나섰다. 내가 제주 올레길을 걷는 것은 이번이 세 번째이다. 첫 번째는 2015년 여름으로, 아들과 두 여동생 등 총 4명이 2주에 걸쳐 제주도 전체 해변을 올레길 중심으로 돌았다. 만장굴을 향해 걸을 때는, 길 가운데 쌓아 놓은 돌무더기를 넘다 첫째 여동생이 손목뼈가 골절되는 부상을 당했고, 둘째 여동생은 발바닥에 생긴 물집이 염증으로 악화되어 중간에 귀가해야 했다. 산을 통과하는 '올레길 9코스'를 걷다가 한동안 길을 잃기도 했는데, 때마침 식수도 떨어지는 바람에 조난사고를 당할 뻔했다.

두 번째는 2017년 여름이었는데, 둘째 여동생 배우자인 매제와 그의 아들, 셋째 여동생 아들 등 총 4명이 7일에 걸쳐서 해변 길 위주로 돌았다. 덕분에 우리는 만날 때마다 같이 걸었던 추억을 이야기하며 더욱 가깝게 지내는 사이가 되었다.

특별한 제주

- 2022년 11월 19일

- 전국걷기여행 166일차(제주지역 5일차)

- 서귀포(서귀동)→서귀포(대정읍, 모슬포) 32㎞

오전 5시 40분 서귀동 숙소를 나섰다. 제주도는 늘 나에게 멋지고 특별한 곳으로 각인되어 있다. 올 때마다 새롭고 그에 따라 느낌도 다르니, 지루할 틈이 없다.

도시기반시설이 잘 조성되어 있을 뿐 아니라 유지 · 보수 등 관리수준도 전국 최고인 것 같다. '보도블록'만 하더라도, 내가 전국을 걸으며 관찰한 바에 의하면, 이정도로 잘 관리되고 있는 곳은 수도인 서울 빼고는 없었다.

건물이나 가게들의 간판 디자인은 서울보다도 더 세련되고 예쁘다는 생각도 든다. TV 드라마나 동화에서 볼 법한 건물도 자주 눈에 띈다. 마을입구에서 지역을 안내하는 간판이나 안내석들은, 글자체와 디자인이 전국 어느 곳과 비교하더라도 절대 못하지 않을 것 같다. 전국 각 지역에서 사람들이 이주해 오기도 하고 외국인들이 자주 다니다 보니, 글로벌하면서 개방적 사고를 가진 사람들도 많은 것 같다.

'우산꽂이'가 필요해

- 2022년 11월 20일
- 전국걷기여행 167일차(제주지역 6일차)
- 서귀포(대정읍, 모슬포)→제주시(한림읍) 31㎞

오전 7시 50분 대정읍 숙소를 나섰다. 길을 나서는데 가랑비가 내리고 있어 우산을 펼쳐들었다. 우산을 들고 스마트폰의 지도 앱을 확인하며 액션캠으로 영상을 찍기도 하니, 번거롭고 불편했다. 나는, 이럴 때를 대비해서 배낭의 어깨띠 정도 위치에 '우산꽂이'도 만들어주면 좋겠다는 생각을 해보곤 한다. 길을 걷다가, 특정 농산물 경작과 관련된 인건비의 상한선을 결의한 내용을 알리는 플래카드가 나타났다. 농민을 보호하는 것은 경제와 식량안보를 비롯한 공익적 차원에서도 지극히 옳은 일이다. 하지만, 한편으론 인건비를 서로 담합하여 억제하는 것이 혹시 규정에 어긋나는 것은 아닌지 염려되기도 했다.

결국, 무릎에 탈이 났다

- 2022년 11월 21일
- 전국걷기여행 168일차(제주지역 7일차)
- 제주시(한림읍)→제주공항(용담동) 30㎞

오전 9시 30분 한림읍 숙소를 나섰다. 어제 하루 종일 빗속을 걸어서 거의 물에 빠져 있다시피 했던 신발은 오늘 아침까지도 덜 말랐다. 젖어 있는 그대로 신고 출발할 수밖에 없었는데, 느낌이 썩 유쾌하지는 않다. 1132번지방도 옆을 따라가는 '환상자전거 길' 위주로 걷다가, 애월항이 가까워지면서부터는 바닷가를 지나는 올레길을 따라 걸었다.

제주공항에 도착했다. 비행기를 타고 김포공항을 거쳐 수원 자택에 도착하니, 오후 11시 10분이었다. 다음날 아침 병원에서 정밀검사를 받았는데, "좌측 무릎 부위가 원인을 알 수 없는 상처나 충격으로 조금 부어 있는 상태이며, 물이 차 있다."라고 했다. 그리고 "적어도 1개월은 안정이 필요하다."라고 덧붙였다. 넘어질 때 다친 우측 무릎부위와 우측 팔꿈치 부분도 검사를 했는데 "별 이상은 없다."면서 외상만 치료해 주었다. "서울에서 넘어져 골절된 갈비뼈도, 다행히 잘 낫고 있는 중"이라고 했다. 제주 지역 걷기일정을 마무리했다. 7일간 1개 도청과 2개 시청을 순회하며 198㎞를 걸었나. 총 누적거리는 5,063㎞가 되었다.

13. 강원도 지역

오전 8시 울진 숙소를 나섰다. 지도 앱은 울진 읍내 중심부를 통과해 동해로 흘러드는 하천인 남대천과 그 지류를 따라 안내한다. 강원도는 오는 6월 11일부터 '강원특별자치도'가 되니, 나로서는 이번이 '강원도' 지역을 걷는 사실상 마지막 기회인 셈이다. '산불조심'을 알리는 플래카드가 많이 눈에 띈다. 산불이 났던 산은, 전체가 나무 밑동이 까맣고 가지와 잎은 누렇게 죽어 있어 안타까웠다. 산불 피해가 이토록 심한 줄을 예전에는 미처 몰랐다.

어느덧 울진지역을 지나 삼척지역으로 들어서고, 동해안을 따라 해파랑 길이 펼쳐진다. 드디어 목적지인 원덕읍에 도착했다. 숙소로 가기 전 식당 으로 가 백반을 먹는데, 식당 여주인이 중요한 정보를 알려주었다. "태백 시로 가려면 중간지점인 풍곡리에서 묵어 가야 하는데, 그곳은 숙소가 없 어서 불가하니, 삼척시를 먼저 가고 이어서 태백시를 가는 것이, 길도 좋 고 숙소 여건도 적당하다."는 것이었다. 결국 삼척시를 먼저 가기로 했다.

사람을 화물차와 같이 걸으라니
- 2023년 3월 2일
- 전국걷기여행 170일차(강원지역 2일차)
- 삼척시(임원항)→삼척시(남양동) 36㎞

오전 7시 임원항 숙소를 나섰다. 동해바다가 내려다보이는 고개 정상 에 도착했는데, 뜻밖에도 겨우내 내린 눈이 남아 있었다. 산의 북쪽 면이 다 보니 덜 녹은 상태였던 것이다. 준비해 온 아이젠을 착용하려 했지만, 막상 눈 위를 걸어 보니 적당히 얼어 오히려 미끄럽지 않고 좋았다. 500 여 미터를 내려가니, 눈길이 끝나 다행이었다.

삼척지역 해파랑길 구간은 기존 도로를 이용해 만들었는데, 대형 화물 차들이 굉음과 함께 자욱한 먼지를 휘날리며 지나갈 때는 공포 그 자체 였다. 얼마 전 '조성 중인 DMZ 평화의 길이 개통되면 우리나라 외곽을 연결하는 4,500km 걷기여행길이 열린다'는 뉴스가 있었다. 반갑고 좋은 소식이다. 하지만 보완해 제대로 만드는 것이 더욱 중요할 것 같다. 명색이 대한민국을 대표하는 길이니, 중·장기계획을 세워 적어도 차량은 다니지 않는 독립공간으로 만들어야 할 것 같다.

추억의 연탄재

- 2023년 3월 3일

- 전국걷기여행 1기일차(강원지역 3일차)

- 삼척시(남양동)→삼척시(도계읍) 35㎞

　　오전 5시 50분 남양동 숙소를 나섰다. 특이하게도, '묘(墓)'를 안내하는 교통 표지판이 나타났다. 산소가 예전부터 있었고 이 씨 왕조 조상이라는 얘기가 전해졌지만 증서가 없어 소선 소성에서는 인정하지 않았는데,

대한제국기인 1899년 태조 이성계 고조부인 '목조' 무덤으로 인정하고, 목조 무덤을 '준경묘', 부인 무덤을 '영경묘'로 칭한 것이라 한다.

신기면을 지나는데, 타고 남은 연탄을 밭에 뿌려놓은 모습이 정겨웠다. 연탄은 농업 용도로 사용한 것 같았는데, 어릴 적 집집마다 연탄을 높다랗게 쌓아 두었던 장면들이 떠올랐다. 도계읍에 들어서고 '대한석탄공사 도계광업소'도 있었는데, 간판글자 전체가 한문이라 이채로웠다. 도시지역이었다면 '우리글을 애용하자.'는 주민들 등쌀 때문이라도 한글로 교체했을 것 같았는데, 잠시 타임머신을 타고 20세기 과거로 돌아간 느낌이었다.

까막동네

- 2023년 3월 4일
- 전국걷기여행 172일차(강원지역 4일차)
- 삼척시(도계)→태백시→(버스 이동)삼척터미널 18㎞

오전 7시 도계읍 숙소를 나섰다. 도계역 앞을 지나는데 '까막동네'라는 글씨와, 연탄, 집게가 그려진 표지판이 나타났다. 어제 숙소에서 동선을 검토하는데, 해발 1,171m 연화산 뒤편에 있는 태백시청을 가기 위해서는 좌 또는 우로 돌아서 갈 수밖에 없었다. 그런데 지도 앱이 '걷기'로 지정하면 좌측으로 돌아가는 길을 제시하여 거리가 20㎞이고, '자전거'로 지정하면 우측으로 돌아가는 길을 제시해서 18㎞였다. 두 동선의 장단점을 알 수가 없어, 현지 주민들에게 물어 보기로 했다. 마침 오늘 통리재에서

'산불감시요원' 임부를 수행하는 노인이 있어 자문을 구했다. "좌측으로 가면 거리가 멀어질 뿐 장점은 전혀 없으니 우측으로 돌아가라"고 했다.

고갯길을 따라 내려가니 통리마을이 나타났다. 영화 〈태양의 후예〉 촬영지 안내문도 있었다. 노인 말대로 우측으로 가는 길을 택했다. 가끔 눈이 덜 녹아 얼어붙은 곳이 나타나서 미끄러운 것 외에는 걷는 데 별 어려움이 없었다. 고집스럽게 "걸으려면, 좌측으로 멀리 돌아가라"고 안내한 지도 앱의 진의가 궁금해진다.

부모가 아니라 '모부'

- 2023년 3월 5일
- 전국걷기여행 173일차(강원지역 5일차)
- 삼척시→동해시→강릉시(옥계면) 29㎞

오전 7시 삼척시 숙소를 나섰다. 어제 숙소에서 영상 작업을 하는데 큰딸로부터 영상전화가 걸려 왔다. 갓 두 돌을 지난 아들을 외할아버지인 나에게 보여 주었는데, 귀엽기가 이루 말할 수 없었다. 아들은 든든해 좋고, 딸은 예뻐 좋다. 마침 TV에서는 '세계 여성의 날'을 맞이해 60개 여성단체가 서울광장에서 '성평등' 사회를 향해 한목소리를 냈다는 뉴스가 나왔다.

요즘 젊은 사람들, 특히 여성들과 '양성평등'을 주제로 대화를 나누다 보면 '참으로 답이 없다'고 느낄 때가 많다. 가장 가까운 내 딸들부터도 그렇다. 나는 이 문제가 교육현장에서부터 잘못되었다고 믿는다. 예전에 우리가 어렸을 때, 국어 시간에 가장 먼서 배우는 말이 있었다. "아버지

아버지, 우리 아버지. 어머니 어머니, 우리 어머니." 그런데 요즘 아이들은 '우리 엄마 · 아빠'로 부른다. 줄여서 '엄빠'로 부르기도 한다. '부모(父母)'를 '모부(母父)'로 부르는 셈이다. 남녀가 서로 화합하기보다는 경쟁하는 대상으로 인식하는 것 같다. 70년도 넘도록 분단되어 있는 이 나라에서, 이쪽은 '남 · 북', 저쪽은 '북 · 남'으로 부르며 서로를 존중하지 못하는 조국의 현실과 다를 게 하나도 없다.

물집이 무서워

- 2023년 3월 6일
- 전국걷기여행 174일차(강원지역 6일차)
- 강릉시(옥계면)→강릉시청 32㎞

오전 6시 옥계면 숙소를 나섰다. 어제도 그을린 산들이 적지 않게 보여, 산불 피해가 정말 심각하다는 것을 또 한 번 깨달았다. 숙소가 위치한 옥계면에서는 뒷산이 '북한의 민둥산'처럼 보여 놀랐는데, 그나마 산불 난 지 몇 년이 지나 나아진 거라고 했다. 산불의 무서움을 널리 알려야 할 것 같다. 어른들이 단체여행을 다녀오거나, 학생들이 수학여행 다녀올 때, 차량이 산불 피해지역 옆을 지나며 직접 눈으로 보게 하는 것도 좋을 것 같다.

걷기 시작하는데, 발바닥 물집 통증 때문에 제대로 디딜 수가 없었다. 며칠 전에는 좌측 발바닥 뒷부분이 심했다가 어느 정도 진정되니, 이번에는 우측 발바닥 앞부분과 좌측 새끼발가락 부위가 악화되었다. 물집은 자고 나면 많이 나아지는 것이 일반적인데, 오히려 심해진다는 느낌이 든다. 저녁에 바늘로 딴 물집이 아침에는 다시 커져서, 출발하기 전 한바탕 짜 주는 게 일과가 되어버렸다. 그나마 무릎관절이나 근육통이 아직까지 없는 것은 다행이다. 내 경험에 따르면, 물집이 제아무리 기승을 부려봤자 보름을 넘긴 적은 없었다. 물집 부위가 속히 굳은살로 채워지기를 기대하며 인내하고 걸을 뿐이다.

경찰차량 연행사건 II
- 2023년 3월 7일
- 전국걷기여행 175일차(강원지역 7일차)
- 충북 제천시→영월군(남면 연당리) 24㎞
- 영월군(남면 연당리)→영월군청 12㎞

오전 6시 제천시 숙소를 나섰다. 영월군 연당리를 지날 즈음 경찰 차량 1대가 내 앞에 서더니, "자동차전용도로이니 가까운 일반도로로 데려다주겠다."며 타라고 했다. 그리고 "제천에서 오는 38번 국도는 일반도로이지만, 영월군 쌍용리부터는 '자동차전용도로'로 운영한다"고 덧붙였다. '자동차전용도로' 안내표지판은 본 기억이 없는데 경찰관 말이니 믿을 수밖에 없었다. 바로 경찰차에 올라탔다. 스마트폰 걷기운동 앱이 가동 중이라 바로 종료했다. 차량으로 이동한 거리가 걷기거리에 포함될 수 있기 때문이다. 마침 출구가 가까워 바로 내려 주었다. 청주시 지역을 걸을 때도 자동차전용도로에서 경찰차 신세를 졌는데, 이번까지 두 번으로 늘어나게 되었다.

경찰이 떠난 후 잠시 길가에 배낭을 내려놓고 물을 한 모금 마셨다. 걷기운동 앱을 새롭게 가동하며 다시 출발했다. 한강의 상류인 서강을 건너고 나니 오르막길이 계속되었다. 영월에는, 좌측 '서강'과 우측 '동강'이 모여 남한강이 시작되고, 단양, 충주, 여주, 양평을 거쳐 서울을 지나 서해바다로 흘러든다.

구관이 명관
- 2023년 3월 8일
- 전국걷기여행 176일차(강원지역 8일차)
- 영월군→평창군 32㎞

오전 6시 영월 숙소를 나섰다. 어제는 숙소에서 모처럼 바지와 상의를 모두 세탁하고 말렸다. 모텔주인이 세탁기를 사용하도록 배려해 주었기 때문이었다. 깨끗한 옷을 입으니 기분이 상쾌하다. 땀이 많이 나는 걷기여행의 특성상 팬티 등 속옷은 매일 세탁하고 갈아입을 수밖에 없지만, 겉옷만큼은 세탁한 후 덜 마르지 않은 이상 웬만하면 다음날에도 같은 옷을 입게 된다.

여분의 옷을 가져오기는 했지만, 막상 입는 옷은 대부분 같은 것이다. 나는 새로 접하는 것은 쉽게 정을 붙이지 못하고 적응에 어려움을 겪는 편이다. 맘에 드는 것이 나타나 어느 정도 익숙해지고 친해지면, 그때부터는 그것에 대해 깊이 집중하고 빠져든다. 그 대상은 공부나 일, 친구나 애인, 음식이나 취미, 물건 등 유형을 가리지 않는다. 매일 착용하는 옷도 그렇다. 사람이 물건과는 다르지만, '구관이 명관'이란 말도 좋아한다.

해발 400m '원동재' 고개를 넘으니, 평창군 지역으로 들어섰다.

　　오전 4시 40분 평창 숙소를 나섰다. 지도 앱은 42번 국도로 안내한다. 미탄면을 지나 비행기재 터널을 통과하니 정선 지역에 들어섰다. 솔치재 터널을 지나고 정선읍 중심가가 가까워졌다. 걷다 보니, 군청으로 향하는 길이 내가 걷고 있는 국도 밑을 지나고 있었다. 지도를 확인하니, 샛길로 빠졌어야 했는데 이미 1㎞나 지나왔다. 다리 옆 우측으로 내려가려는데 길이 보이지 않았다. 수풀지대를 통해 가기로 했다. 30여 분 동안 몸의 여기저기를 긁혀가며 어렵게 내려갈 수 있었다. 정선군청에 도착해서 인증 샷을 촬영하는데, 청사 벽의 글이 눈에 들어왔다. "보고 싶다, 정선아." 마치 총각이 사랑하는 처녀에게 보내는 연애편지 일부 같다. 내가 지금까지 들른 관공서에서 본 것 중 가장 멋진 캐치프레이즈였다.

사랑은 '홍역'과도 같다

- 2023년 3월 10일
- 전국걷기여행 178일차(강원지역 10일차)
- 여주시(연양동)→원주시(문막읍) 22㎞

오전 8시 30분 여주 숙소를 나섰다. 지도 앱은 한강문화관 옆을 지나고 강천보 다리를 통해 남한강을 건너, 강천면 쪽으로 안내한다. 강가에는 젊은 연인 한 쌍이 벤치에 붙어 앉아 대화를 나누고 있었는데 그 모습이 꽤나 예뻐 보였다. 역시, 사랑은 아름답다.

'사랑은 홍역과도 같다(Love is like measles)!' 이것은 학창시절 영어참고서에 나왔던 말이다. 진정한 사랑은, 홍역처럼 평생에 오직 단 한 번만 찾아온다는 것이다. 나는 이 단순한 문장에 매료되었고, '홍역만큼 빠져들 수 있는 사랑만이 진정한 사랑'이라고 생각했다. 그리고 미신이나 종교를 깊이 믿지는 않았지만 '미래는 이미 정해져 있다.'는 소위 '예정론(豫定論)'도 어느 정도는 수용하는 편이었다. 결혼상대자도 마찬가지라고 믿었다.

내가 '예정된 홍역'을 찾아서 방황하다가 어느덧 서른한 살로 접어든

해의 1월 어느 날 아침이었다. TV에서는 출연자들이 '결혼에 골인하는 비결'에 대해 대화를 나누는 프로그램이 방영 중이었는데, 평소 스포츠 중계방송 빼고는 TV 방송에 눈길조차 주지 않았던 내가 그날따라 왠지 공감이 되었다. "금년에는 꼭 결혼상대자를 만나 결혼하겠다는 사람이 결혼에 성공할 확률은 '제로'에 가깝다"는 것이다. 그리고 "결혼 후보자를 열심히 찾아보고, 그중 가장 적합한 사람을 택해 결혼하겠다는 자세를 가질 필요가 있다."며 현실 해법을 제시했다. 얼마 후 지금의 아내를 만났고, 이듬해 가을 결혼에 골인했다.

결자해지

- 2023년 3월 11일
- 전국걷기여행 179일차(강원지역 11일차)
- 원주시(문막읍)→원주시청 20㎞

오전 7시 40분 문막 숙소를 나섰다. 갑자기 지도 앱이 먹통이 되어버렸다. 이럴 때는 바로 전에 보았던 지도를 기억하며 가는 수밖에 없다. 길이 막혀 있어, 더 이상 진행할 수 없게 되었다. 30여 분 지나자 다행히 전파상태가 나아지고, 지도 앱도 정상으로 돌아왔다.

어느덧 원주 시내에 들어서고 원주시청을 경유했다. 4㎞를 더 걸어 숙소에 입실하니 오전 12시였다. 이어서 예전 직장에서 직속상관으로 모셨던 선배님 내외가 찾아와 맛있는 닭갈비를 사줘 배부르게 먹었다. 당시 동료들과는 선배 포함 친목모임을 가져오다 금년 봄 해산했는데, 나이가 들면 언젠가 해산해야 하니, 선제적으로 중단한 것이었다. 예전에 어느 선배가 "환갑 넘으면, 젊었을 때 받아 놓은, 온갖 감사패부터 정리하라"고 한 말이 생각난다. 죽는 것은 순서 없으니, 주변 사람들에게 고민거리 남기지 말고 미리 대비하라는 것이다. '결자해지(結者解之)', 일은 저지른 사람이 해결하는 것이 맞는다.

벽계수가 서운해

- 2023년 3월 12일

- 전국걷기여행 180일차(강원지역 12일차)

- 원주시(원동)→횡성군 21㎞

오전 7시 30분 원동 숙소를 나섰다. 소초면 의관리를 지나는데, 지도 앱이 '도로 밖으로 나가서 우회하라'고 안내한다. 주변을 살펴보니, '옆에

양호한 도로가 있으니, 잠시 자동차 붐비는 국도에서 나가 걸어라.'는 정도로 이해되었다. 하지만, 비가 갑자기 쏟아지면 걷기에 불편한 상황이 될 수도 있어 직진하기로 했다.

횡성군 지역으로 들어서 걷는데, 어느 개인사업장 간판에 부착되어 있던 글자 일부가 떨어지고 마치 거북등처럼 갈라져 흉한 모습을 하고 있었다. 어제 문막에서 원주를 향해 걸을 때도 '벽계수 이종숙의 묘' 안내간판이 퇴색되고 갈라져 아쉬웠다. "청산리 벽계수야 수이 감을 자랑 마라. 일도창해하면 다시 오기 어려워라…." 유명한 이 시조의 벽계수가 바로 이종숙이다. 고인이 알기라도 한다면 몹시 서운할 것 같다.

얼떨결에 '삼마치'
- 2023년 3월 13일
- 전국걷기여행 181일차(강원지역 13일차)
- 횡성군→홍천군 42㎞

오전 5시 횡성읍 숙소를 나섰다. 공근면 어둔리를 지나고 나니, 산길로 들어섰다. 갑자기 전방에 길이 사라졌다. 아무리 봐도 나무와 가시덤불 빽빽하고 가파른 산, 돌무더기 가득한 계곡이 있을 뿐이었다. 마침 한 농부가 있어 지푸라기라도 잡는 심정으로 길을 물었다. "오래전 폐쇄되었지만 골짜기까지만 접근하면 예전 도로 흔적이 나타나고, 힘들지만 갈수는 있다"고 했다. 골짜기까지 직선거리는 500여 미터도 안 돼 보였지만, 배낭을 벤 상태에서 가파르고 온갖 넝쿨과 쓰러진 나무, 가시덤불 빼곡한 경사면을 오르는 것은 보통일이 아니었다. 1시간 가까이 기를 쓰며 올라가니 드디어 도로 흔적이 나타났다. 고개 정상에 다다르니 군부대가 설치한 '소(小) 삼마치' 팻말이 있어, 1974년 야전공병단에서 만든 도로임을 알 수 있었다. 그러고 보니, 내가 1978년 군복무 중 제1하사관학교에서 피교육생 신분으로 얼떨결에 삼마치고개를 넘은 적이 있었는데, 이제야 그 삼마치고개의 정확한 위치를 알게 되었다.

온열의자가 눈물 나도록 고마워

- 2023년 3월 14일

- 전국걷기여행 182일차(강원지역 14일차)

- 홍천군→춘천시(시청, 도청) 37㎞

오전 4시 홍천읍 숙소를 나섰다. 30여 분 걸으니 북방면행정복지센터 앞을 지나가고, 5번국도와 이어졌다. 날씨는 어제 아침보다도 조금 더 춥고, 스틱을 잡은 손도 그만큼 빨리 시려졌다. 스틱을 잡은 손을 번갈아 바지 주머니에 넣어 녹이며 걷다가, 번거로운 듯해서 아예 스틱을 배낭에 넣고 두 손 모두 바지 주머니에 넣은 채로 걸었다. 바지주머니 속의 손과 맞닿는 허벅지 부분은 걷다 보면 열이 나서 의외로 꽤 따뜻하다.

동산면행정복지센터 앞에 버스정류소가 있어 잠시 쉬어갔다. 정류소 의자는 '피아노 건반' 모양으로 예쁘게 생겼는데, 뜻밖에 '온열 기능'을 제공하고 있었다. 새벽부터 찬바람을 맞으며 얼어 있었던 몸이 한순간에 풀리며, 안락한 의자를 제공해 준 사람들이 눈물 나도록 고마웠다. '눈물

젖은 빵'을 먹어본 사람만이 진정한 맛을 아는 것처럼, 추위에 떨며 걸어온 나그네가 온열의자의 가치를 깨달은 순간이었다.

북 치고, 장구 치고

- 2023년 3월 15일

- 전국걷기여행 183일차(강원지역 15일차)

- 강릉시→양양군(현남면) 25㎞

    오전 6시 40분 홍제동 숙소를 나섰다. 며칠 전부터 좌측 새끼발가락과 우측 엄지발가락 발바닥 부위가 말썽이다. 물집이 점점 커지고 터지기를 반복한다. 전에는 걷기여행 출발 후 2주가 가까워 오면 거의 완치되었는데, 이번에는 보름이 지났지만 좀처럼 낫지 않는다.

    오늘도 직딩한 숙소를 찾기는 쉽지 않았다. 여러 사람이 이용하는 펜

션이나 민박은 많았지만, 나 같은 1인 여행자들을 위한 모텔이나 여관은 보이지 않았기 때문이었다. 제주도와 경북 해안가가 주로 그랬는데, 강원도 동해안 지역도 만만치 않다. 주문진항까지도 눈에 띄지 않았고, 결국 남애항 인근에서 어렵게 한 업소를 발견하여 예약할 수 있었다. 홀로 여행하다 보면, 편한 것도 있지만, 불편한 점도 적지 않다. 다수 여행자 위주 숙박시설도 문제지만, 2인 이상만 주문 가능한 식당 메뉴도 제법 많다. 나 외에 '안전'을 챙겨줄 사람이 없으니, 잠시라도 긴장의 끈을 놓으면 사고나 부상으로 이어질 수도 있다. '북 치고, 장구 치고', 모두가 나의 몫이다.

'양양 개'와 '경산 개'
- 2023년 3월 16일
- 전국걷기여행 184일차(강원지역 16일차)
- 양양군(현남면)→양양군청(양양읍) 26㎞

오전 4시 40분 남애항 숙소를 나섰다. 사방이 어둡지만 차량도 거의 다니지 않고 조용하니 걷기에는 오히려 좋다. 동네를 지나갈 때마다 짖어대는 개들이 좀 밉기는 하지만 크게 불편하지는 않다. 개는 덩치가 크면 점잖으며 덜 짖고, 작으면 명랑하지만 많이 짖어 시끄러운 것이 일반적이다. 그런데 지역이나 사육환경 측면에서 관찰해 보면 얘기가 또 달라진다. 그간 전국을 걸으며 '짖는 개'들에 대해 신기한 점을 발견했는데, 개들도 사람처럼 '지역색'이 있다는 것이다.

도시 개들은, 평소 많은 사람을 대하다 보니 시골 개들에 비해 적게 짖는 편이다. 주유소 개들은, 주유하러 오는 손님들에게는 무관심하지만 그냥 지나가는 사람, 특히 나처럼 이상한 두건을 뒤집어쓰고 배낭까지 짊어진 사람한테는 꽤 짖어 댄다. 공장지대의 개들은, 항상 많이 짖는 편이지만 특히 사람 통행이 뜸한 공휴일이나 야간에 지독하게 짖어 댄다. 하지만 뭐니 뭐니 해도 가장 사납게 짖어 대는 것은, 인적이 드문 곳에 길러지는 집단사육장의 개들이다. 이놈들은 내가 도착하기 100여 미터 전부터 어느 1마리가 짖기 시작하는 것을 신호로, 시야에서 완전히 사라질 때까지 '잡아먹을 듯' 짖어댄다. 어떤 지역의 개들은 이유 없이 적게 짖기도 한다. 경북 경산을 걸을 때는 새벽 2시부터 시골동네를 여럿 지나쳤지만 신기하게 한 번도 짖지 않았다.

술한테 정복당할 수는 없어
- 2023년 3월 17일
- 전국걷기여행 185일차(강원지역 17일차)
- 양양군(양양읍)→속초시→고성군(아야진) 28㎞

오전 5시 30분 양양읍 숙소를 나섰다. 어제 숙소에서 저녁식사를 위해 밖에 다녀오는데, 여행객인 듯한 젊은 여성이 몸도 가누지 못할 정도로 술에 취해 친구 부축을 받으며 걷는 모습이 안타까웠다. 술은 삶에 활력소가 되기도 하지만 과하면 생활에 나쁜 영향을 끼치고 건강도 해칠 수 있어 절제가 필요하다. 몇 년 전 생소 존경하는 목사님 댁에 다녀올 일이 있었는데, 거실 액자에 다음과 같은 글이 씌어 있었다.

"Do not get drunk on wine, which leads to debauchery."
– 술에 취하지 말라. 이는 방탕한 생활이라(에베소서 5장 18절).

문장을 살펴보니, 'Do not drink wine'이 아닌, 'Do not get drunk on wine'으로 되어 있다. 즉, 사람이 술을 '능동적'으로 마시는 것이 아니라, 술에게 '피동적'으로 취함을 당한다는 의미로 이해되었다. 순간 가슴에 와닿는 게 있었다. '사람이 술을 먹는 것이 아니라, 술이 사람을 정복해서 취하고 방탕하도록 만드는 것이다.' 그날 집에 돌아와 '금주'를 선언했다.

"아빠는 오늘부터 술 끊는다. 술한테 정복당할 수는 없잖아. 단, '사위 또는 며느리와 먹는 경우'는 예외로 할게." 그 후로, 지금까지 술을 먹고 싶다는 생각이 든 적은 단 한 번도 없었다.

까치가 내 코앞에 똥 싼 이유

- 2023년 3월 18일
- 전국걷기여행 186일차(강원지역 18일차)
- 고성군(아야진)→고성군청(간성읍) 18㎞
- 춘천(터미널)→소양동 4㎞, 소양동→퇴계동 5㎞

오전 6시 아야진항 숙소를 나섰다. 어제 속초를 지나 고성 경계지역에 들어서는데, 까치들이 한바탕 울어대서 반겨주는 것 같아 기분이 좋았다. 그런데 다음 순간 움찔할 수밖에 없었다. 한 마리가 전깃줄 위로 올라가 실례를 해서 똥 세례를 당할 뻔했지만 간발의 차로 모면한 것이다. 숙소에 도착하고 동영상 편집을 위해 액션캠을 노트북에 연결했는데 파일이 열리지 않았다. '클릭'만 하면 바로 파일이 닫히는 현상이 반복되었다. 온갖 대책을 궁리하며 시도해 보았지만 마찬가지였다. 1시간여가 흐르고 거의 자포자기 상태가 되었을 때 한 가지 아이디어가 떠올랐다. 그것은 다른 곳으로 복사해 시도하는 것이었다.

결과는 성공이었다. 천천히 걸었기에 망정이지 제대로 걸었으면 꼼짝없이 까치 똥을 뒤집어썼고, 그랬으면 '재수가 없어' 파일을 절대로 열지 못했을 것 같았다.

오전 5시 30분 소양동 숙소를 나섰다. 부다리 터널을 지나 20여 분가량 걸었는데 '화천까지 18㎞'라는 안내간판이 나타났다. 그런데 바로 앞에 '화천까지 13㎞'라고 쓰인 간판이 또 있었다. 만약 그대로라면 5㎞가 증발해 버린 셈이었다. 걷기여행을 하다 보면, 거리가 잘못 표기된 간판을 만나는 경우가 종종 있다. 특히 여러 지역을 동시에 표기하는 경우에는 두 지역 간 거리가 느닷없이 줄거나 늘기도 한다.

화천읍에 들어섰다. 화천은 내가 젊었을 때 군에서 근무하던 '이기자부대' 27사단이 있던 곳이다. 사내면 사창리에 있었는데, 저출산과 정예화 정책에 따라 금년 말로 해체된다고 한다. '회자정리(會者定離)'라는 말이 있다. 만나면 언젠가 헤어지고, 생기면 결국 없어지는 것이 세상 이치이기는 하지만, 그래도 서운한 마음은 감출 수가 없다.

노인과 태극기
- 2023년 3월 20일
- 전국걷기여행 188일차(강원지역 20일차)
- 화천(화천읍)→화천(간동면) 20㎞

오전 7시 화천읍 숙소를 나섰다. 간동면 용호리를 지나는데 갑자기 황색 차량 1대가 멈춰서더니 나에게 손짓을 하면서 뭐라고 했다. 다가갔더니, "원하는 곳까지 데려다 주겠다."는 것이었다. "감사하지만, 걷기여행 중이니 걸어가겠습니다."라고 했지만 계속 청했다. 차 앞에는 특이하게 '태극기'를 달고 있었다. 87세 노인이었는데, "이 나라에서 태어난 사람으로서 당연하다"고 했다. 그리고 "대화를 나누고 싶으니 일단 차에 타세요."라고 했다. 나는 결국 "먼저 가서 쉴 만한 곳에 자리 잡고 있으면, 뒤따라가 만나겠습니다."라고 했고, 노인은 그제야 먼저 출발했다. 하지만 그 뒤로 노인은 만날 수 없었다. 걷기여행에 방해 되지 않도록 기다리지 않은 것 같았다. 부모님 뻘 노인의 환대를 받아들이지 못한 내 탓인 것 같아 미안한 생각이 들었다.

오전 4시 40분 오음리 숙소를 나섰다. 어제 묵은 민박집은, 난방이 제대로 가동되지 않아 추위에 떨기도 했지만 특별한 체험이었다. 주인은 객실 문만 열어주고 바로 외출했는데, 난방이 전혀 가동되지 않았고 온수도 나오지 않았다.

주인에게 전화했더니 "당장은 어렵고, 시간 되는 대로 가겠습니다."라고 했다. 그런데 2시간이 지나도 소식이 없었다. 우선 급한 대로 머리만 찬물에 감고, 샤워는 수건에 물을 적셔 냉수마찰 하듯 닦는 것으로 대신했다.

이럴 때는 젊은 시절 군에서 받은 '혹한기 훈련'이 도움이 된다. 얼음장같은 방바닥에서 담요를 세 겹이나 깔고 앉아 이불을 뒤집어쓰고, 아쉬운 대로 영상 작업을 시작했다. 주인은 오후 7시도 훨씬 넘어 돌아와서, 결과적으로 자그마치 7시간도 넘도록 냉방에서 떨며 지내야 했다.

오음리 시내를 지나니 46번 국도로 들어섰다. 곧 추곡터널이 나타나고, 수인터널을 거쳐 양구군 지역으로 들어섰다. 이어서 웅진터널, 웅진1터널, 웅진2터널, 공리터널까지 6개 터널을 지났는데, 오늘이 내가 걷기여행을 하며 가장 많은 터널을 통과한 날이 되었다. 양구읍에 들어서니, "양구에 오면 10년 젊어집니다."라고 쓴 간판이 반갑게 맞아준다.

오전 4시 양구 숙소를 나섰다. 산길을 오르는데 인터넷이 끊겨 '감'으로 갈 수밖에 없게 되었다. '두 갈래 길'이 나타나 고민하다가, 폭이 좀 더 넓은 좌측 길을 택해 올라갔다. 또 가다 보니, 이번에는 새롭게 조성하고 있는 임도가 나타났다. 우측으로 올라가는 길도 있었지만, 느낌상 새 길인 좌측 길을 택했다. 갑자기 전방에 길이 사라졌다. 새 길은 공사가 진행 중이었던 것이다. 결국 돌아 갈 수밖에 없는데, 지도 앱이 먹통이니 난감했다. 하지만 이대로 산에서 고민만 할 수는 없으니, ①첫 번째 갈래 길 중 우측 길, ②두 번째 갈래 길 중 우측 길, ③왔던 길로 되돌아가는 방법 등 세 가지 중 하나를 택해야만 했다. 그리고 나는 선택에 앞서 일단 뒤로 돌아 두 번째 갈래 길로 되돌아가는 중에, 통신상태가 개선되기를 '기도하는 심정'으로 빌었다. "제발 지도 앱이 살아나게 하소서" 그렇게 10여 분쯤을 걸었을 때, 기도가 통했는지 인터넷 상태가 기적처럼 나아졌다. 그리고 지도 앱을 다시 켤 수 있었다. 확인해 보니, ②두 번째 갈래 길 중 우측 길로 가는 것이 옳은 방향이었다. 겨우 제대로 된 길로 들어서기는 했는데, 이번에는 가파른 길이 이어졌다. 온몸이 땀으로 흠뻑 젖으며 어렵게 정상에 도착했는데, 나중에 확인해 보니 높이가 무려 해발 900m나 되 있다. 이어서 비포상의 지루한 내리막길이 15㎞ 가까이 계속되었다.

오전 5시 50분 화천읍 숙소를 나섰다. 구운천 상류에 도달할 즈음 도로공사 현장이 나타나고, 지도 앱은 우측 산길로 안내했다. '등산로'가 분명했지만 다른 길이 없어 강행할 수밖에 없었다. 철 기둥에 설치한 밧줄을 잡아당기며 어렵게 비래바위 꼭대기에 올랐다. 젊었을 때 군에서 겪은 레펠 훈련을 다시 받는 느낌이었다. '이러다 조난사고라도 당하는 건 아닐까?' 하는 불길한 예감이 엄습했다. 어렵게 능선을 타고 해발 976m '만산' 정상에 도착했다. 갑자기 좌측 신발 끈을 조이는 '다이얼'이 돌부리에 걸려 깨졌다. 와이어에 매듭을 만들어 임시조치를 한 후 다시 걷기 시작했다. 드디어 산 밑이 가까워졌는데 내려가는 길이 보이지 않아, 5m 높이의 경사면을 덜 위험한 곳을 택해 미끄럼 타듯 내려갈 수밖에 없었다.

이어서 5㎞를 걸어 다목리 버스터미널에 도착하니 오후 2시 30분이었다. 신발이 망가졌으니, 걷기여행을 중지하고 집에 다녀올 수밖에 없게 되었다. 버스를 타고 사창리와 춘천을 거쳐 수원 자택에 도착했다. 그 어려운 상황을 극복하고 무사히 집에 도착해 있는 내가 신기하고 기특할 따름이었다. 얼떨결에 걷기는 했지만, 다시 같은 길을 걷는다면 무사히 극복할 자신이 없다.

감자 독립

- 2023년 3월 27일

- 전국걷기여행 192일차(강원지역 24일차)

- 화천군(상서면 다목리)→철원군(서면 와수리) 18㎞

　어제 오후 다목리로 복귀해 하룻밤을 잤다. 망가진 신발은, 5천㎞도 훨씬 넘는 길을 함께하면서 고락을 나눈 '정'을 생각해 고쳐서 영구 보관하기로 했다. 어제는 숙소가 열악했다. 침구와 각종 집기류는 지저분한 상태로 방치되어 있었고, 화장실에는 쓰레기통과 청소도구, 오래된 비누조각들이 놓여 있었다. 슬리퍼는 주워 온 듯한 '짝짝이'였다. 고객층이 주로 군인 면

회 오는 가족들이라 다시 볼 일이 거의 없다 보니 적당히 운영하는 것 같았는데, 전방 시골지역의 공통적인 문제점으로 개선이 필요해 보였다.

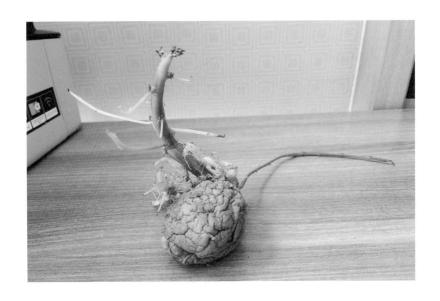

오전 7시 50분 다목리 숙소를 나섰다. 해발 780m 수피령 고개를 지나 철원 지역에 들어섰다. 걷다가, 집에서 가져온 '감자' 한 뿌리를 심고 물도 주었다. 감자는 한 달 전 마트에서 구입해 사용하고 남아 방치했던 것인데, 놀랍게도 생산자가 뚫어 놓은 지름 5mm 정도 작은 숨구멍으로 기다란 뿌리와 줄기를 성장시킨 의지가 갸륵해, '상(賞)'으로 땅에 심어주기로 한 것이다. 비록 이식(移植)은 내가 해 주지만, 사람이 자식을 낳고 길러 독립시킨 후에는 자식이 홀로 살아가야 하는 것처럼, 더 이상의 생육과 번식은 '감자' 스스로의 몫이 될 것이다.

오전 5시 40분 와수리 숙소를 나섰다. 3월이 거의 다 지나갔지만 새벽에는 여전히 제법 춥다. 걷는데 스틱을 잡은 손이 시려서, 다른 한 손을 바지 주머니에 넣어 녹이다가 교대로 바꿔 잡으며 걸어야 했다. 얼었던 손이 바지주머니 안에서 녹기도 전에 바꿔 잡은 손이 시려 기온을 확인하니 섭씨 영하 5.2도였다. 내 그간 경험에 의하면, 영상 1도 이하이면 주머니 안에 있는 손이 녹기도 전에 스틱을 잡은 손이 시려져서 늘 양손이 모두 시리다. 영상 2도에는 얼었던 손이 녹는 속도와 바꿔 잡은 손이 시려지는 속도가 거의 같아진다. 영상 3도가 되면 스틱을 잡은 손이, 바람이 많이 불지 않는 이상 훨씬 나아진다. 영상 5도가 넘으면 바람 등 외부환경에 관계없이 거의 시리지지는 않아 손을 녹일 필요도 없어진다. 전국걷기여행을 하니, 평소에는 관심조차 두지 않았던 별 희한한 지식이 생기게 된다.

과속운전을 경고하는 듯한 안내표지판이 나타났는데, 부착된 글자

들이 말라 틀어지고 떨어지다 보니, 상형문자나 외계인들이 쓴 글자 같기도 해서 도무지 읽을 수가 없었다. 간판을 만들 때 글자를 부착하는 방식은 가급적 피하고, 꼭 부착해야 한다면 사후관리를 철저히 해서 변형이나 훼손이 우려되는 경우 바로 고치도록 해야 할 것 같다.

우리는 한국인, 모두가 한 핏줄
- 2023년 3월 29일
- 전국걷기여행 194일차(강원지역 26일차)
- 포천시(영북면)→포천시(터미널) 25㎞

오전 5시 20분 영북면 숙소를 나섰다. 전국걷기여행이 종착역에 가까워지면서 '한국인'이라는 단어가 가슴속 깊이 다가오는 느낌을 받는다. 평소 혈육과 종친 등에 관심이 많던 나는, 40대에 접어들며 '내 조상의 수'에 대하여 생각해 본 적이 있었다.

사람들은 보통 '조상'이라고 하면, 아버지와 어머니(1대 2명), 할아버지와 할머니(2대 2명), 증조할아버지와 증조할머니(3대 2명), 고조할아버지와 고조할머니(4대 2명)… 등 부계(父系) 중심으로만 생각하기 쉽다. 하지만 인간을 비롯한 모든 동물은, 아버지와 어머니의 유전자를 동일하게 받고 태어난다는 점을 감안한다면 당연히 모계(母系)도 같이 살펴봐야 할 것이다.

부계와 모계를 동시에 감안한 실제 직계조상의 수는, 1대조(부모) 2명, 2대조(조부모) 4명, 3대조(증조부모) 8명, 4대조(고조부모) 16명, 5대조

32명, 6대조 64명... 등이 되는데, 여기서 '대'를, 인간이 성장하여 2세 낳기까지 소요기간을 감안해 대략 30년으로 가정하면, 10대조(18세기 조선후기) 1,024명, 20대조(15세기 조선중기) 약 52만 명, 30대조(12세기 고려후기) 약 5억 명, 40대조(9세기 통일신라후기) 약 5,497억 명... 이나 된다.

그리고 우리나라의 시대별 인구를 알아보니, 학자나 자료에 따라 조금씩 다르기는 하지만 대략 조선후기에는 1,300만 명, 고려후기에는 550만 명, 삼국시대에는 300만 명으로 나와 있다. 계산상으로 내 직계조상만 1조 명도 훨씬 넘어야 할 삼국시대의 인구가 실제로는 300만 명에 불과했으니, 과거 한반도에 거주했던 분들 중 후손을 남기지 못하고 돌아가신 분들을 제외한 모든 분이 사실상 우리 직계조상이라고 할 수 있는 것이다.

따라서 현재 한반도와 세계 각지에 흩어져 살고 있는 한민족 8,000여만 명 모두는, 명백하게 수많은 조상을 공유하는 친족인 동시에 외척이며 인척인 셈이다. 요즘 세계 각지에서 결혼을 통해 우리 국민들과 피가 섞이는 다문화가정이 증가하고 있기는 하지만, 어차피 그들도 수십 또는 수백 년만 지나가면 모두가 우리의 일부가 되어 있을 것이므로, 현재 우리와 다름 아니라고 봐도 무방할 것이다. 우리는 한국인, 모두가 한핏줄이다. 강원도 지역 걷기일정을 마무리했다. 26일간 1개 도청과 18개 시·군청을 순회하며 748㎞를 걸었다. 총 누적거리는 5,811㎞가 되었다.

14. 인천시 지역

오전 5시 김포 숙소를 나서 강화로 향했다. 우선 숙소에서 머지않은 곳에 있는 아버지의 고향인 감정동 구두물 마을의 우저서원을 거쳐 48번국도로 들어섰다. 우저서원은 임진왜란 때 의병장이었던 조헌 선생의 학문과 덕행을 기리고 지방 유학교육을 위해 만든 기관으로, 선생이 태어난 집터에 건립된 것이다. 내가 강화군을 걷는 출발지로 김포시를 택한 것은, 두 지역이 지리적으로 인접한 것도 있지만 무엇보다도 김포가 아버지 고향이고 강화는 어머니 고향, 즉 나의 뿌리인 친가와 외가가 있던 곳이기 때문이다.

버스정류소가 나타나 잠시 쉬어 가는데, 버스를 기다리던 중년 부부의 대화가 귀에 들어왔다. '작년에 대학 졸업한 아들이 직장을 구하지 못해 걱정'이라는 것이었다. 요즘 취업난이 심하다 보니, 자녀 취업이 늦어지기라도 하면 부모들도 걱정이 이만저만 아니다.

작년 봄 아들이 입사시험 최종합격 통보를 받은 다음날이었다. 평소 나를 깊이 신뢰하는 J실장이 같이 일하자면서 대표 직속 핵심부서로 발령을 내줬다. 사무실에 들어서니 바로 좌측이 J실장의 자리이고 거기서 2미터 가량 떨어진 곳이 내 자리였다. 정신을 차려보니 꿈이었다.

아들은 그로부터 2주 후 새롭게 근무하게 된 직장에 출근해서, 지금까지 잘 다니고 있다. 내가 아들 취업을 걱정하다 보니, 꿈속에서마저 아들을 대신하여 먼저 직장을 둘러보고 온 셈이었다. '부모는 자나 깨나 자식 걱정'이라는 옛말의 진정한 의미를 이제야 알겠다.

독불장군이야
- 2023년 4월 4일
- 전국걷기여행 196일차(인천지역 2일차)
- 강화군(선원면)→김포시(양촌읍) 32㎞

오전 6시 선원면 숙소를 나섰다. 우선, 어머니 고향인 선원면 지산리 '왜말'을 경유했다. 지산리는 고려 때 팔만대장경을 제작했던 선원사지가 있는 곳이다. 어제 강화읍을 걷는데, 예전에 깔아 놓은 보도블록이 들떠 흔들리는 인도가 나타나서 눈에 거슬렸다. 전국을 걷다 보면, 사실상 전국 모든 지역이 그렇다는 사실을 알게 된다. 보도블록 설치가 완료된 후 또 다른 공사가 시행되며 파손된 보도블록의 원상복구가 제대로 이뤄지지 않았기 때문인데, 보도블록 설치 기관과, 나중에 같은 장소에 실시된 다른 공사의 시행기관이 달라 협력이 어려운 것이 한 원인이기도 하다. 기관 간 협력 미흡으로 비효율을 초래하고 있는 사례는 적지 않지만, '기관이기주의' 등에 따라 온전히 극복하기란 매우 어려운 것이 현실이다. 다른 사람과 협력하지 않고 홀로 고집 부리는 사람을 부르는 '독불장군'이란 말이 있다. 사람이 혼자 살 수 없는 것처럼 '독불기관', '독불부서'도 당연히 존재할 수 없다. 중앙과 지방 각 기관들이, 기관 간 그리고 부서 간에 긴밀히 협력하여, 행정 수요자인 국민에게 더 높은 수준의 서비스를 제공하는 시스템이 필요하다. 이왕이면 글로벌 'K-팝'처럼, 'K-기관협력'도 나왔으면 좋겠다.

동물 사랑도 좋지만, 우선은 사람이 살고 봐야

- 2023년 4월 5일
- 전국걷기여행 197일차(인천지역 3일차)
- 김포시(양촌읍)→인천서구청→동구청
  →중구청→중구(사동) 29㎞

오전 5시 50분 양촌읍 숙소를 나섰다. 어젯밤부터 비가 내리고 있다. 백석대교를 통해 아라뱃길을 건너고 서구청을 경유했다. 어느 가게 앞에 사료를 놓아 둔 광경이 눈에 띄있는데, 지니기는 유기견이니 고양이를 배려한 것임을 알 수 있었다. 걷기여행을 하다 보면 야생의 개나 고양이 등을 배려해 문 앞에 물과 사료를 놔 주는 것을 드물지 않게 볼 수 있는데, 때로는 몰려드는 동물들로 피해를 보기도 해서 이를 반대하는 사람들도 적지 않은 것이 현실이다.

양측 입장이 모두 어느 정도 이해되기는 하지만, 나는 어떠한 경우라도 사람이 불편하면 안 된다고 생각하는 사람이다. 우리는 흔히 도덕적으로 옳지 않은 행동을 한 사람들을 '비인간적'이라는 잣대를 들이대며 몰아댄다. 하지만 우리가 그동안 살아오면서 사용한 무수한 말 중에 '비동물적', '비생물적'이라는 단어는 존재하지 않는다는 사실도 기억할 필요가 있다.

계이름 '솔'의 마술

- 2023년 4월 6일
- 전국걷기여행 198일차(인천지역 4일차)
- 중구(사동)→미추홀구→옹진군→연수구

　→남동구→인천시청→남동구(구월동) 27㎞

　오전 6시 사동 숙소를 나섰다. 밖에는 가랑비가 내리고 있다. 어제 숙소가 위치한 사동은 내가 졸업한 송도고등학교가 있던 곳이다. 과거형으로 표현한 것은, 지금은 송도신도시로 이전하고 중학교만 남아 있기 때문이다. 당시 은사님 중에는 키가 190㎝ 가까운 거구의 음악선생님이 특히 기억에 남는다.

　내가 음악가도, 음악에 관련된 전문가도 아니지만, 나름 음악을 좋아하다 보니 음악을 대하는 '나만의 독특한 관점'이 생겼다. 한창 젊었을 때는, '음악은 좋아하는 것이 아닌, 사랑하는 대상'이라는 별난 아집(?)을 펴기도 했다. 그리고 세상 모든 노래는 세 가지 유형으로 나눌 수 있다고 믿었는데, '그냥 부른 노래', '생명력이 살아 숨 쉬는 노래', '영혼이 깃든 노래'가 그것이었다. 그리고 어떤 노래가 어느 유형에 속하는지는, 전적으로 '그 노래를 감상하는 사람의 주관'에 속하는 영역이라고 생각했다. '어떤 이'에게 세상에서 가장 아름다운 노래일지 몰라도, '다른 어떤 이'에게는 그저 '시끄러운 소음'에 불과할 수도 있기 때문이다.

　그리고 환갑이 지난 지금까지도 여전히 바뀌지 않고 있는, 또 다른 나만의 아집 세 가지가 더 있다. 음익직인 김걱은 진직으로 디고난다는 것,

'계이름 솔(sol)'로 시작하는 곡은 가사와 무관하게 대부분 구슬픈 멜로디라는 것, 노래는 원곡의 악보 그대로 정확하게 지켜 부르는 것이 최상이라는 것이다.

봄비를 만나기에 참 좋은 날
- 2023년 4월 7일
- 전국걷기여행 199일차(인천지역 5일차)
- 남동구(구월동)→부평구→계양구 31㎞

오전 5시 40분 구월동 숙소를 나섰다. 우선 500여 미터 떨어진 인천시청 광장에서 8촌 J형님을 만났다. 마침 시청에서 가까운 곳에 사는데, 전국걷기여행을 하는 나를 배려해 특별히 부평구청까지 같이 걷기를 요청했기 때문이었다.

부평구청에 도착하여 인증 샷을 촬영한 후, 형님이 인근 식당에서 양평해장국을 사줘 맛있게 먹었다. 이어서 청사 앞에서 형님과 기념촬영을 했는데, 구청에서 배경으로 설치한 글이 계절 분위기에 어울리면서도 이색적이었다. "우산은 잠시 접어 두세요. 봄비를 만나기에 참 좋은 날입니다." 형님은, 내가 보기에, '성공한 노년'을 누리고 있는 분이다.

평생 교직에 몸담으시다 고등학교 교장으로 정년퇴임하셨는데, 요즘은 친구들과 '인천의 섬'들을 돌아보는 여행을 다녀오며 정열적인 삶을 즐기고 있다. "인생 뭐 있어, 늘그막에 하고 싶은 것 맘껏 하고 살면 성공한 거지."

만화처럼 꿈꾸고, 영화처럼 사는 인생

- 2023년 4월 8일

- 전국걷기여행 200일차(인천지역 6일차)

- 부평구(부평동)→안양(안양동) 28㎞

　　오전 7시 부평동에 있는 여동생 집을 나섰다. 소사종합시장이 나타났
는데, 5년 전 돌아가신 어머니가 생각났다. 말년에 돌아가실 때까지 시
장 인근 요양병원에 입원해 계셨는데, 내가 어머니를 보러 올 때마다 휠
체어에 모시고 늘 들른 곳이 바로 소사종합시장이었다. 어머니는 갑갑한
병원에만 계시다가 나름 다양한 볼거리가 있는 시장구경 하는 것을 꽤나

좋아하셨다. 병원으로 돌아갈 때는 수고하는 간병인과 간호사들을 위해 떡집에 들러 찰떡을 사다가 주시곤 했다. 오늘도 그 시장 앞을 지나니 금방이라도 어머니가 나타나 떡집에 가자고 하실 것만 같다.

더위를 피하기 위한 파라솔을 접어 놓았는데, 겉에 쓰여 있는 글이 눈에 들어왔다. '만화처럼 꿈꾸고, 영화처럼 살아가는….' 보면 볼수록 멋진 글이다. 내 앞으로의 삶도 이랬으면 좋겠다.

절친 남수 형이 전국걷기여행 완주를 축하하며, 시를 지어 보내왔다.

'걸어서 코리아' 완주를 축하하며

오남수

이젠 쉬어야겠네요.
만화 같은 이야기를
영화 속의 주인공처럼 이루셨으니까요.

이젠 쉬어야겠네요.
전국을 걸어서
찻길도 마다하고
대한민국을 내 발 아래 두었으니까요.

이젠 배낭을 내려놓아도 되겠네요.
'걸어서 코리아'에 담긴 짐이
얼마나 버거웠겠어요.
어깨에 새긴 굳은살 훈장은
고독한 길나그네의 환호성입니다.

이젠 등산화를 벗으셔도 되겠네요.
4월의 벚꽃이 피고 지기를 몇 해이었나요.
2월의 새벽이슬 맞으며
여명 속 걷기를 몇 해이었나요.
등산화 속 내 발의 물집은
열정 속 길나그네의 승리 눈물이네요.

걸어서 코리아!
조국을 걸어서 체험하네.
강산을 걸어서 느껴보네.
2023년 4월
길가에 유채꽃이 활짝 피었네요.
당신을 응원하듯이 피었네요.

오전 6시 50분 안양 숙소를 나섰다. 오늘 따라 지나는 길들이 더욱 아름답게만 보인다. 길이 있었기에 전국 방방곡곡을 걸을 수 있었다. 수많은 길들을 만들기 위해 수고한 세상 모든 이가 고맙다. 전쟁에서 승리한 후 고향으로 돌아가는 개선장군의 마음을 알 것 같기도 하다. 목표가 없어진 것에 대한 허전함도 묘하게 교차한다.

집 앞에는 딸이 기다리고 있었는데, 갓 두 돌 지난 아들 '우주'도 데리고 와 광교호숫가에서 '목말'을 태워 기념촬영을 했다. 완주한 것은 나인데 우주가 주인공이 된 모양새지만, 당연히 아무렇지 않다. 나로부터 딸이 나왔고 딸에게서 우주가 나왔으니, 결국 '우주'가 나'이기 때문이다. 특별한 날, 눈에 넣어도 아프지 않을 손주와 함께하니 행복하다.

드디어, 버킷리스트 '전국 방방곡곡 일주 걷기여행'을 마쳤다. 인천지역은 1개 광역시청과 10개 군·구청을 순회하며 201㎞를 걸었다. 전국적으로는 경기 806㎞, 충남·대전·세종 578㎞, 충북 377㎞, 전북 521㎞, 전남 800㎞, 경남 572㎞, 부산·울산 145㎞, 경북 876㎞, 서울 190㎞, 제주 198㎞, 강원 748㎞를 포함하면, 전국적인 총 누적거리는 6,012㎞가 되었다.

길고도 멀어 때로는 힘들기도 했지만, 한 마디로 '멋지고도 즐거운 놀이'였다. 나는 아마도, 현재로서는 국가기관이나 민간단체 공인제도 등이 없어 단정할 수는 없지만, 아직까지 알려진 바가 전혀 없고 인터넷 등에서도 발견되지 않으니, 대한민국의 방방곡곡 모든 지역을 걸어서 돌아본 최초의 인간일 것이다.

내가 비록 우리 땅 6천여 ㎞를 걷는 대장정을 마치기는 했으나, 국토 남·북 분단에 따라 북녘을 제외한 남녘 땅 반쪽만 걸은 '미완(未完)의 전국일주 걷기여행'이었다는 점은 진한 아쉬움이 남는다. 내 생전에 통일이 된다면, 만사 제쳐두고 북녘 땅으로 걷기여행부터 다녀올 것이다.

"대한민국 윤석열 대통령 님, 조선민주주의인민공화국 김정은 위원장 님! 나 좀 우리 땅 맘껏 걷게 해 줄 수는 없겠소?"

내가 서울과 한라산을 걸은 것처럼, 평양과 백두산도 그렇게 걷고 싶다. 통일이여, 어서 오라!

PART 2

전국 방방곡곡을
걸어보니

1. 드디어 '버킷리스트'를 이루다

전국 방방곡곡 일주 걷기여행을 '버킷리스트'로 간직하다가, 환갑을 맞이한 2018년 초가을 연말 은퇴를 앞두고 실행계획을 구상했던 것이 엊그제 같은데, 어느덧 5년이나 흘러갔다.

내 당초계획에 의하면 2019년 6월부터 시작해 이르면 2020년 상반기, 늦어도 2020년 말까지는 마치는 것으로 되어 있었다. 하지만 2020년부터 뜻하지 않게 전 세계적으로 확산되기 시작한 코로나19 전염병이 발목을 잡았고, 결국 바이러스가 진정될 때까지 걷기여행을 중지할 수밖에 없었다. 그리고 2022년 상반기가 되어서야 코로나19 확산세가 어느 정도 관리 가능한 안정기에 접어들고 엔데믹(endemic, 풍토병화)이 임박함에 따라, 하반기부터 다시 걷기여행을 재개하여 2023년 4월까지 마침내 총 201일간 6,012㎞(약 1만 5천 리) 대장정을 마칠 수 있었다.

그간 전국걷기여행을 실행하며 체험하고 느낀 '산과 들', '물가의 쾌적한 길', '한적한 시골길', '정감 넘치는 도시 골목길', '부모님뻘 되시는 노인의 따뜻한 격려', '인심 후한 음식점 사장님', '입담 좋은 이발소 주인의 인생이야기' 등 아름다운 모습 외에도, '로드킬 당한 고라니의 흉측한 사체', '방음벽에 부딪혀 죽은 새 무리' 등 때로는 슬프기도 했던 추억들이 떠오른다.

힘들고도 고통스러웠던, 무더위와 폭우·추위 등 지독한 날씨, 발바닥 물집, 허리와 송아리 통증, 근육 경련, 수변 무속, 부시부시한 늑개 떼와의 조우, 끝없는 외로움과의 싸움, 길을 잃고 조난 직전까지 갔던 비상상황 등 순간순간의 기억들도 교차하며 주마등처럼 뇌리를 스쳐간다.

'전국 방방곡곡 일주 걷기여행' 개요

- 기간: 2019.6.24.~11.3.(기간 중 90일), 2022.7.13.~2023.4.9.(기간 중 111일) ⇒총 201일

  ※ 2020~2021년 중에는 코로나19 확산에 따라 중지

- 대상지역: 대한민국 모든 지방자치단체를 잇는 길(6,012㎞)

  – 전국 광역 · 기초지방자치단체의 청사 경유 : 17개 시 · 도청, 228개 시 · 군 · 구청

  ※ '참고자료' 중 '전국걷기여행 중 걷기운동 통계(총괄, 권역별)', '일자별 걷기운동 세부정보(시 · 도, 시 · 군 · 구별)' 참조

- 주요내용: 전국 광역 · 기초 지방자치단체 청사를 연결하는 길을 따라 걷기로 순회

  – 걷기 사실 증명(사진 · 동영상 등) : 방문 인증 샷(시 · 도 및 시 · 군 · 구 청사 앞), 스마트폰의 스크린 샷(걷기 앱을 통한 동선 · 걷기데이터), 유튜브(걸어서 코리아) 업로드 등 병행

- 소요비용: 약 2천만 원(장비 · 의류 구입비, 숙식비, 교통비 등)

- 목적: 버킷리스트 실현과 '즐거운 걷기문화' 확산

2. 그동안 이런 어려움도 있었네

전국걷기여행 중 가장 중점을 두었던 것은, 물론 매일 30km가량을 걸어서 이동하는 걷는 것이었다. 하지만 날씨와 지역상황 등 변수를 감안한 일정 운영, 숙소검색 · 예약, 식사 문제, 세탁 · 건조 및 건강관리, 동선 구상, 유튜브 영상촬영 및 편집 · 업로드 등도 어느 것 하나 만만한 게 없었다. 특히 유튜브 운영은, 구독자를 유치해 성공하겠다는 생각보다 가족 · 친지들과 소통한다는 생각으로 가볍게 시작했는데, 막상 해 보니 매일 3~6시간가량 노력을 쏟아 부어야 가능한, 참으로 고된 일이었다. 그리고 구독자를 많이 모으지는 못했지만, 결과적으론 나 자신을 채찍질하고 독려하며 감시하는 역할을 했다는 사실과 그 공로는 인정하지 않을 수 없다.

내가 전국걷기여행을 시작한 후, 나 자신에게 최면이라도 걸 듯 수시로 반복하며 꽤 신경 쓰는 것이 있었는데, '안전'만큼은 항상 긴장을 늦추지 않고 대비한다는 것이었다. 하지만 그토록 조심했음에도 불구하고, 돌부리 등에 걸려 넘어지는 바람에 심한 타박상과, 갈비뼈 골절, 무릎에 물이 차는 부상 등을 당하기도 했다.

신발은 전국걷기여행 출발 기념으로 딸들이 새로 사준 것을 신고 떠났는데, 계속된 사용에 따라 낡아져 밑창갈이를 세 번이나 했다. 누적 사용거리가 6천 km에 임박한 강원도 화천 지역을 걸을 때는 신발 끈을 조이는 다이얼이 망가졌고, 더 이상 수리가 불가하여 다른 신발로 살아 신을 수밖에 없었다. 그밖에 등산복 상의와 반장갑, 스틱, 물통, 액션캠 삼각대, 스마트폰 충전선, 안경, 우산 등도 해지고 망가져 교체해야만 했다.

부상 및 장비교체 등

- 주요 부상
  - 심한 타박상: 2회(2019.6.27.화성, 2022.11.17.제주 성산읍)
  - 갈비뼈 골절: 1회(2개, 2022.10.31.서울 도봉구 상계동)
  - 무릎에 물이 참: 1회(2022.11.21.제주 용담동)
- 장비 파손·교체
  - 신발: 창갈이 3회(2019.9.10, 2021.2.2, 2022.8.27.), 다이얼 교체 1회(2023.3.24.)
  - 상의: 교체 1개(2019.9.18.남원)
  - 반장갑: 교체 1개(2022.8.27.추석 귀가)
  - 스틱: 교체 2개(2022.8.12.부산북구, 2022.10.20.울진)
  - 물통: 교체 1개(2019.9.18.남원)
  - 액션캠 삼각대: 교체 1개(2022.8.27.추석 귀가)
  - 스마트폰 충전선: 교체 2회(2019.9.22.전주, 2022.8.27.추석 귀가), 숙소에 두고 출발 1회(2023.3.14.홍천)
  - 안경: 교체 1개(2019.10.23.해남)
  - 우산: 교체 3개(2019.7.15.양평, 2019.8.15.대전, 2019.9.22.전주)

3. 신체의 건강한 변화

"드디어 '6천 km의 사나이'가 되셨군요." 친구가 전국걷기여행을 마친 나에게 '축하' 의미로 밥을 사며 건넨 말이었다. 지금으로부터 50여 년 전 큰 인기를 모았던 '6백만 불의 사나이'란 미국 TV 드라마에 빗댄 것이었는데, 마침 '6'자가 같다 보니 친근하게 느껴졌다.

나는 전국걷기여행을 마치고 나면, 내가 '초인'까지는 아니더라도 꽤 대단한 체력을 가진 사람이 될 것으로 기대했다. 하지만 막상 걷고 보니, 외모 상 약간의 변화는 있었을지언정 다른 사람과 확연히 구별되는 특별한 인간이 되는 것은 아니었다. 내가 평소 체중이 66kg 정도로 살이 많이 찌지 않은 탓도 있겠지만, 전국걷기여행을 마치고 집에 도착해서 체중을 재어 보니 5kg가량만 줄어 있었다.

처음 걷기여행을 시작할 때는, 뱃살이 서서히 줄어들면서 체중감소가 시작되었다. 1주가 지나니, 꽤 줄어들어서 배낭 허리띠를 조일 때마다 몸으로 느껴졌다. 2주가 지나니 몸무게가 안정기로 접어들기 시작하고, 이후부터는 걷기여행을 계속하더라도 체중 변화는 거의 없게 되었다. 그리고 이때는 하체 근육도 제법 늘어나서, 마치 기름에 튀긴 통닭을 눌러 짜 근육만 남긴 듯한 느낌이 되었다. 그리고 3주 지나니, 몸이 걷기여행에 완전히 적응하게 되고, 하루 5시간 이상을 계속 걷거나 가파른 오르막길을 오르더라도 별 힘이 들지 않게 되었다.

걷기여행을 하더라도, 사회와 난설을 하시 않는 이상, 내로는 성조사나 급한 용무 등을 처리하기 위해 중간에 집에 다녀올 수밖에 없는데, 이로 인한 걷기여행 공백 기간이 길어지면 길어질수록 다시 적응하는 데에는 어려움을 겪었다. 보통 그 공백 기간이 2주 이내인 경우에는 별 어려움이 없었지만, 그 이상이 되면 기간에 따라서 대략 1~3주의 적응기간이 필요했다.

걷기여행을 다녀오고 나면, 우선 외관상으로 체중과 뱃살이 눈에 띄게 줄어들게 된다. 발바닥과 종아리는 마치 '말근육'처럼 딴딴한 근육질로 변하고, 평소 각질이 많이 생기는 체질인 내 발바닥은 마치 '아기발바닥'처럼 보드랍게 변했다. 직접 느끼는 '몸 컨디션'도 최상이라 날아가기라도 할 듯했다. 그리고 실제 건강검진 수치상으로도 긍정적인 신호가 나타났는데, 특히 고혈압 관련 수치가 개선되었다. 평상시 수축기 혈압이 140~150mmHg가량이었지만, 2주 이상 중·장기 걷기여행을 다녀온 후엔 110~120mmHg으로 안정되었다.

4. 정신적인 성숙과 발전

전국걷기여행의 가장 큰 성과를 꼽으라면, '오롯이 홀로 지내는 방법'을 배워 익숙해지고 편해진 점을 꼽을 수 있을 것 같다. 사람은 누구나 홀로 태어난다. 심지어 쌍둥이일지라도 둘이 동시에 세상에 나오는 법은 없다. 태어난 직후 부모와 가족을 만나고, 성장하면서 이웃과 친구를 만나며, 성년이 되어서는 배우자를 만나 평생을 같이 살아간다. 그리고 세상을 떠날 때는, 올 때 그러했듯 다시 '홀로' 되어 초연히 자연으로 돌아간다. 한편으로 슬프고 아쉽지만, 부모형제도, 부부도, 자식도, 친구도 결국 언젠가는 헤어져야 하는 대상일 뿐이다. 그러니 어차피 닥칠 일이라면 미리 해 보는 것도 나쁘지 않다.

길을 걷다가, 자연과 내가 교감하며 마치 '하나'가 된 듯한, 멋지고 아름다운 순간들을 잊을 수 없다. 지나고 보니, 그것은 걷기여행자만이 누릴 수 있는 특권이었다. 주변에는 하늘과 땅, 산과 나무, 길 그리고 나 외에는 아무도 없으니 적어도 그 순간만큼은 어떠한 가식도 없었다. 오직 자연과 진솔한 내가 있을 뿐이었다.

울릉도 해안도로를, 칠흑같이 어두운 밤 폭풍우 속에서 마르크스아우렐리우스 명상록을 들으며, '환희(歡喜)'와 '평온(平穩)' 속에 걸었던 추억도 결코 잊을 수가 없다. 내가 처음 전국걷기여행을 시작할 때는, 명상과 깨달음을 통해서 살아온 과거와 현재를 돌아보고 미래 삶을 구상하겠다는 다소 거창한 생각을 했었다. '행복'이라는 단어에 대해서도 그때까시

가지고 있던 고정관념을 지우고 제로베이스에서 생각하기로 했다. 그리고 한 달 정도만 혼자 걷다 보면, 거의 '신선(神仙)'이라도 될 줄 알았다. 실제로 한 달 지나니 꽤 달라지기는 했다. 하지만, '딱 거기까지'였다. 다시 한 달 지나니, 여전히 떠나기 전보다 낫긴 했지만 쓸데없는 잡생각들이 수시로 떠올랐다. 그리고 생각해 보니 그 주범은 '욕심'이었는데, 특히 걱정한다고 해서 될 것도 아닌, '사람'과 '돈'에 관한 것이 문제였다. 또한 어쩌다 중간에 급한 일을 처리하기 위해 집으로 가서 한 달만 지나면 다시 예전 모습으로 되돌아가서, 걷기여행의 효과가 거의 없어지게 되었다. 나는 결국, '깨달음'을 얻으려는 과한 욕심보다, 쓸데없는 잡생각과 걱정으로부터 자유로워지는 것을 지향하는, 현실적 목표로 수정하였다. 그리고 어느 때부터인가 서서히, 예전과 비교할 수 없을 정도로 평온해져 가는 '나 자신'을 발견하게 되었다. '행복'에 대하여도, 가만히 있으면 저절로 다가오는 것이 아닌, 내가 찾아서 느끼는 것이라는 능동적인 관점을 가지게 되었다.

우리 땅 방방곡곡을 걷다 보니, 나도 모르게 '애국심'도 조금은 커진 것 같다. 선조들이 물려준 국토 중 북녘은 어쩔 수가 없었지만 적어도 남녘 땅 모든 지역을 한 번 이상은 걸어보았으니, 드디어 후손으로서, 그리고 이 땅을 대대손손 살아가는 국민으로서 '최소한 자격요건'은 갖추게 되었다는 느낌이 들기도 한다. 내가 과거 걸었던 지역에 대한 소식을 접할 때마다 예전에 알지 못했던 묘한 친근감이 느껴지고, 그 구체적인 위치를 내가 걸은 코스와 비교해서 가늠해 보는 특이한 습관도 생겼다. 전국 모두가, 속된 말로 '내 구역'이 된 것 같기도 하다. 전국 어느 곳에서 특별한 행사가 열리거나 사건 · 사고가 발생하기라도 하면, 습관적으로 내용보다도 우선 '장소'에 더 관심이 가게 되었다.

5. 변모하는 세상을 새롭게 발견하다

걸어서 전국을 돌아다니다 보니, 변모하는 사회와 그 속에서 살아가는 사람들 모습을 보며, 이전에는 알지 못했던 지식이 쌓이고 세상을 새롭게 인식하는 계기가 되기도 했다.

— 요즘 등산화(트래킹화)의 적정 사용거리는 1,500㎞이다. 추가적으로 밑창갈이(3회 등) AS를 이용하는 경우에는 최대 5,000㎞까지도 가능하다.(42, 192일차 참조)

— 부산 지역은 의외로 고지대가 많아서, 언뜻 봐서는 도저히 길이 있으리라고 생각하기 어려운 곳에 숨어 있는 '샛길'이 있기도 하고, '계단길'도 많다.(120일차 참조)

— 눈대중만으로는 절대로 가늠할 수 없는 것이 '터널 길이'이다.(82일차 참조)

— 전국에는 신기하게도 '신기'라는 지명이 수백 개는 될 정도로 많다.(117일차 참조)

— 지방, 특히 시골지역에는 각종 비석들이, 시·군이나 읍·면 경계, 자연마을 단위 등 상상 이상으로 많다.(60, 75, 77일차 참조)

— 산불 피해는 평소 우리가 알고 있는 것보다 훨씬 더 크다. 산간지역을 걷다 보면, 그을려진 민둥산들이 정말로 많이 나타난다.(169, 174일차 참조)

− 산에는 통행을 방해하는 쓰러진 나무, 가시나무, 덩굴, 바위가 상상 이상으로 많다. 조난에 각별히 대비하고 길을 잃지 않는 것만이 상책이다.(143, 181, 191일차 참조)

− 시골은 허리가 굽거나 다리가 오(O)자로 휘어진 노인들이, 도시와는 비교할 수 없을 정도로 많다.(88일차 참조)

− 시골 노인들은 편리한 보행을 위해서 바퀴가 달린 보행 보조기나, 보조기 대용 유모차를 끌고 다니는 것이 일상이 되었다. 전기카트도 많이 이용해서, 버스정류소에 주차한 후 장에 다녀와 다시 타고 가는 등, 마치 '마이카 시대'처럼 '마이카트 시대'가 도래한 것 같다.(67일차 참조)

− 경북 지역은 우리나라에서 사람들 일상생활에 유교문화와 단체를 중시하는 사상이 가장 깊숙이 스며 있는 곳이다.(138, 149일차 참조)

− 개들도 사람처럼 '지역색'이 있다.(184일차 참조)

6. 내가 만난 최고의 시설 등

걷다가 때로는 멋진 길을 만나서 '만약에 천국이 있다면 바로 이런 모습이 아닐까?' 하는 상상에 젖게 하는 순간들도 있었다. 고객과 수요자들을 세심하게 배려하는 훌륭한 시설들을 접하기도 했다. 자기 지역을 자연스럽게 알리거나, 보는 이들을 배려한 멋진 글을 보며 감동하기도 했다.

‒ 내가 만난 최고의 걷기 길은, '순천만습지'였다. 바다와 어우러져서 끝없이 펼쳐지는 갈대숲에 매료되지 않을 수가 없었다.(90일차 참조)

‒ 걷기 길 시설 수준으로만 따진다면, '4대강 자전거 길'이 단연 최고였다.(18, 71, 72, 110일차 참조)

‒ 일반 길 중에서는, 순천에서 광양 방향으로 울창한 산속을 가로질러 지나가는, 전남 광양시 '자전거 길'이 특히 환상적이었다.(92일차 참조)

‒ '도시기반시설'은, 제주도 지역이 매우 잘 조성되어 있고 유지보수도 우수하며, 건물·가게의 깔끔한 간판 디자인도 인상적이었다. 경북 포항도 전반적으로 우수했으며, '철길숲공원'은 휴식공간과 화장실 등 편익시설들을 완비하고 예술품과 조형물, 나무, 꽃들이 잘 어울렸다. 서울 성동구도 우수하며, 특히 청사 주변의 기반시설은 디자인도 예쁘고 쾌적하게 잘 관리되고 있었다.(146, 159, 166일차 참조)

‒ '버스정류소'는, 걷기여행자가 길을 가다가 편히 쉬어갈 수 있는 고

마운 시설인데, 경남 남해군이 햇빛 차단, 통풍·방풍, 디자인, 사후관리 등 전반적인 측면에서 가장 모범적으로 운영하고 있었다.(117일차 참조)

 - 숙박시설은, 충남 부여의 한 여관이, 내부를 마치 예술작품처럼 꾸며 놓고 고객을 배려하는 최상의 서비스 제공을 위해 노력하고 있었다. 경남 합천의 한 모텔과, 경남 양산의 전통시장 안에 있는 한 작은 여관도 시설수준이 뛰어난 것은 없었지만 위생과 청소상태만큼은 최고였고 매우 친절했다. 광주 광산구 한 모텔은 고급 호텔에 들어선 착각이 들 정도로 훌륭한 시설을 갖추고 있었다.(33, 74, 110, 115일차 참조)

 - 걷다가 마주친 멋진 구호나 문구로는, 강원 정선의 '보고 싶다. 정선아', 전북 장수의 '밥은 먹고 다니죠'가 특히 기억에 남는다. 강원 양구의 '양구에 오면 10년 젊어집니다', 울산 중구의 '종갓집 중구'를 볼 때는 즐겁고 친근했다. 전북 남원의 '우리 사랑은 단 하루도 천년입니다', 경기 부천의 '만화처럼 꿈꾸고, 영화처럼 사는', 전북 완주의 '누군가 행복할 수 있다면', 인천 부평의 '우산은 잠시 접어두세요. 봄비 만나기에 참 좋은 날입니다'에선 마음의 안식과 평화를 느끼기도 했다.(56, 58, 61, 124, 177, 189, 199, 200일차 참조)

7. 이런 부분은 개선되었으면

때로는 사회의 부족하거나 어두운 단면을 보면서 개선이 필요하다는 생각이 들기도 했다. 다만, 이는 필자가 그간 살아오며 얻은 지식과 사상에 기초한, 지극히 주관적인 것으로, 사람에 따라서 그리고 생각하는 관점에 따라서는 일부 달라질 수도 있을 것임을 밝혀 둔다.

- '보행자'에 대한 보다 적극적인 배려가 필요하다. 현재 도로체계를 보면, 사실상 '자동차'가 최우선이고 다음이 '자전거'이다. 보행자 특히 걷기여행자를 위한 길은, 자전거 길의 보조기능 정도로 격하(?)되어 조성·관리되고 있는 것이 현실이다.(21, 41일차 참조)
- 일반 도로, 특히 걷기 길과 자전거 길 등에서 타인을 배려하는 'K-이용자문화' 발전과 정착이 필요하다.(72, 110, 123일차 참조)
- 현재 국가가 DMZ 접경지역과 동·서·남해안 등 외곽을 연결하는 '코리아 둘레길'을 추진하고 있으나 많이 미흡한 것이 현실로서 지속적인 보완과 관리가 필요하며, 산티아고 순례길 사례를 참고삼아 공공·민간 숙박시설을 적극 설치해야 한다.(83, 110, 155, 170일차 참조)
- 중앙과 지방의 각 기관·부서가 서로 긴밀히 협력하여, 국민에게 고품질 행정서비스를 제공하는 것이 요구된다. 특히, 길과 관련된 '도시기반시설'의 체계적 관리를 위해서는 유기적인 협력시스템 구축이 필요하다.(121, 125, 196일차 참조)

− 각종 '간판'이나 '안내표지판' 등을 설치할 때, 글자를 부착하는 방식은, 쉽게 말라비틀어지고 떨어지는 등 폐단이 많으므로 지양해야 하며, 만약 꼭 설치해야만 한다면 철저한 사후관리를 의무화하는 제도가 필요하다.(180, 193일차 참조)

− '도로교통표지판'의 경우, 지역에 따라 글자가 탈색되거나 떨어짐 정도가 심하고, 글자표기나 거리표시 오류도 적지 않으므로 개선이 필요하다.(28, 46, 78, 147, 187일차 참조)

− 개를 풀어놓고 키우는 사람들에 대한 강력한 금지규정이 필요하다.(76, 150일차 참조)

− '동물사랑'도 좋지만, 우선은 사람이 살고 봐야 한다.(197일차 참조)

− '로드킬' 당한 동물 사체를 신속히 수거해서 처리하는 시스템이 필요하다.(37, 47일차 참조)

− 국가적 차원에서 '인구감소 문제'의 근본적이고도 획기적 대응을 위한 제도적인 환경 개선이 필요하다. '출생'을 '탄생'으로 바꿔 부르는 등 마인드 전환도 검토해 볼 만하다.(2021.6.1.이야기, 145, 151일차 참조)

− '양성평등'을, 남녀 간 '경쟁'이 아닌 '화합' 관점에서 가르칠 필요가 있다.(173일차 참조)

− '태극기'는 폐기(소각)할 때를 대비하여 불에 잘 타는 재질로 만들 필요가 있다.(48일차 참조)

− 현재 호텔·모텔·여관·여인숙 등으로 운영되고 있는 숙박시설의 경우, 최소한의 '청결과 위생' 만큼은 어떠한 경우라도 반드시 지키도록 의무화할 필요가 있다. 객실의 냉·난방도, 업주가 아닌 '고객'이 취향대

로 선택하여 조절할 수 있도록 하고, 1인 여행자를 위한 '소형객실'도 확대할 필요가 있다.(69, 87, 112, 183, 192일차 참조)

 – '지도 앱'의 경우, 그저 단순히 '길'을 안내하기보다, 걷기(또는 자전거) 여행자들을 배려하여 그 길의 포장 · 비포장 여부, 일반 둘레길 · 등산로 여부, 경사도와 난이도 등 세부정보를 추가로 제공하도록 시스템을 개선할 필요가 있다.(27, 103, 105, 108, 143, 180, 190, 191일차 참조)

 – '배낭'은, 걷기여행자(장거리, 중 · 장기)를 배려해 어깨띠를 없애고 대신 가슴 띠를 추가하며, 우산 · 스마트폰꽂이, 잔여 끈 처리를 위한 찍찍이 등도 필요하다.(100, 136, 167일차 참조)

 – '양말'은, 제작 과정에서 '좌', '우'를 표시해 둠으로써 사용자 편의를 도모할 필요가 있다.(127일차 참조)

 – 길을 걷다 보면, 관광지 등 지역에 따라서는 '동전'이 의외로 많이 버려져 있는 곳도 있다. 동전을 버리거나 폐기하는 행위에 대해 청소년 등에 대한 계도와 처벌규정 신설 등 대책이 필요하다.(89, 125일차 참조)

전국걷기여행 중 동전 습득: 총 108개(7,011원)

• 동전별 : 1원짜리 1개(1원), 10원짜리 46개(460원), 50원짜리 7개(350원), 100원짜리 52개(5,200원), 500원짜리 2개(1,000원)

• 시 · 도별 : 전남 58개, 경북 21개, 경남 11개, 경기 5개, 충남 4개, 충북 4개, 전북 2개, 강원 2개, 인천 1개

• 시·군별 : 전남 고흥 30개, 경북 경주 13개, 전남 순천 7개, 전남 장흥 4개, 경기 김포 3개 등

※ '참고자료' 중 '지역별 동전습득 세부현황' 참조

　- 공공성이 높은 단어인데, 국민의 사용상 혼선이 우려되는 경우, 국가가 주도적으로 바른 사용법을 정해 알릴 필요가 있다.(114일차 참조)
　- 막무가내식의 '이기적인 농성'은 지양해야 하며, 공무원들은 공익적인 차원에서 적법성 여부를 판단하여 엄정하게 처리해야 한다.(148일차 참조)
　- 분단된 조국은 이 땅 주인이며 수요자인 국민(인민)의 뜻에 따라 통일되어야 한다.(11, 201일차 참조)

에필로그

6,012㎞의 대장정을 마치며

평소 자칭·타칭 '걷기 마니아'인 나는, 일종의 직업병과도 같은 특이한 습관을 가지고 있다. 그것은 바로 거리에 관한 '수치'를 접할 때마다 내가 과거 걸었던 거리와 비교해 가늠하는 것이다.

몇 년 전, "미국에서 1977년에 발사한 우주선이 보내 온 신호가 잡혀서 과학자들이 환호하고 있는데, 그 우주선은 지구에서 180억 km나 떨어진 태양계 끝 언저리에 있다."라는 뉴스를 접한 적이 있었다. 내가 6,000여 km를 걷기 위해 200여 일이 걸렸으니 준비 과정까지 포함해 대략 1년이 소요되는 것으로 가정하면, '180억 km'는 '걸어서 300만 년 걸리는 거리'이다.

그리고 인간의 수명을, 의술이 점점 발달하는 점을 감안해 대략 100년으로 치고 그중 절반인 50년을 쉬지 않고 걷는 것으로 가정한다면, '6만 명이 평생을 이어 걸으면 도달할 수 있는 거리'이기도 하다.

- 18,000,000,000km ÷ 6,000km = 3,000,000년
- 3,000,000년 ÷ 50년 = 60,000명

즉 180억 km란, '대도시의 큰 1개 동(洞) 인구' 또는 '대한민국 인구 5천만 명의 0.12%'가 평생을 이어 걷는다면 도달이 가능한 거리이니, 일반적으로는 '무한에 더 가깝고 상상에서나 가능한 먼 거리'로 느껴지지만 사실은 '인간이 걸어 도달할 수 있는 현실 세계의 거리'라고도 볼 수 있다.

내가 비록 우리 땅 6천여 km를 걷는 대장정을 마치기는 했지만, 국토 남·북 분단에 따라 부득이 북녘 땅을 제외한 남녘 땅 반쪽만 걸은 '미완(未完)의 전국일주 걷기여행'이었다는 점에 대해서는 진한 아쉬움을 감출 수가 없다.

1947년에 만들어진 '우리의 소원은 통일 꿈에도 소원은 통일…'로 시작되는 '우리의 소원'이란 노래가 있다. 남녘과 북녘 동포 모두가 언제 어디서든 서로 부담 없이 함께 부를 수 있는 몇 안 되는 노래 중 하나이다. 우리 민족은 그로부터 76년이 지나도록 '소원'은 이루지 못하고 처량하게 '노래'만 부르고 있다.

부산에서부터 서울과 평양을 거쳐 백두산까지 '단번에' 걸어가는 한반도 종단의 기쁨과, 북녘 땅 방방곡곡도 모두 걸어서 돌아보는 온전한 '걸

어서 코리아'의 감격을 누리고 싶다. 그런 후 백두산에서 과거 고구려와 발해의 영토였던 만주 벌판도 지나, 재야 사학자들에 의해서 우리 한민족의 발원지로 알려진 '바이칼 호수'까지 '맘껏' 걷는 날도 오기를 꿈꿔본다.

비록 현재로서는 그 길을 걷게 될 주인공이 내가 아닌, 아들이나 손자, 증손자, 현손자 또는 그다음 후손 중 누가 될지 알 수 없긴 하지만.

구분	소요기간(일)	경유지역		걷기운동				걷기거리(km)		평균속도(km/h)	비고
		시·도청	시·군·구청	운동		휴식		거리	1일평균		
				시간	분	시간	분				
총계(12권역)	201	17	228 시·군·구	1,314	59	195	45	6,012.6	29.9	4.6	
경기	25	1	31 시·군	175	07	36	51	806.5	32.3	4.6	
충남 세종 대전	18	3	20 시·군·구	127	33	22	6	578.1	32.1	4.5	
충북	10	1	11 시·군	79	30	12	1	377.7	37.8	4.8	
전북	15	1	14 시·군	110	29	13	42	520.6	34.7	4.7	
전남 광주	26	2	27 시·군·구	172	41	28	54	800.0	30.8	4.6	
경남	24	1	18 시·군	115	34	6	25	572.1	23.8	5.0	
부산 울산	6 (경남과 1일 중복)	2	21 구·군	36	26	5	49	144.6	24.1	4.0	
경북 대구	32	2	31 구·군	188	44	34	30	875.6	27.4	4.6	
서울	6	1	25 구	49	32	4	27	189.9	31.7	3.8	
제주	7	1	2 시	42	32	5	40	197.5	28.2	4.6	
강원	26	1	18 시·군	172	7	17	56	748.4	28.8	4.4	
인천	7	1	10 구·군	44	44	07	24	201.6	28.8	4.5	

<부록 : 참고자료> 일자별 걷기운동 세부정보(시·도 및 시·군·구별)

구분 일차	시·도 (권역)	날짜	출발지	도착지	운동시간* (휴식시간**)	걷기 거리 (km)	평균 속도 (km/h)	평균 경사도 (%)	누적 고도 (m)	소모 열량 (kcal)	주요 경유지	비고
총계	12권역	201	17개 시·도 228개 시·군·구		1,314:59 (195:45)	6,012.6 (29.9)	4.6	–	–	–	17개 시·도 청, 228개 시·군·구청	
–	경기 소계	(25일)	1개 시·도 31개 시·군		175:07 (36:51)	806.5(1일 평균 32.3)	4.6	–	–	–	–	
1	경기	2019. 6.24.	수원시	오산시	07:18 (01:13)	29.1	3.9	0.3	82	1,254	경기도청, 수원시청, 오산시청	
2	〃	6.25.	오산시	안성시	07:18 (01:07)	31.5	4.3	1.4	492	1,325	안성시청	
3	〃	6.26.	안성시	평택시	04:44 (01:44)	19.1	4.0	0.4	78	800	평택시청	
4	〃	6.27.	평택시	화성시 (양감면)	06:51 (00:49)	26.0	4.5	0.3	115	927	–	
5	〃	6.28.	화성시 (양감면)	화성시 (비봉면)	07:59 (01:47)	32.5	4.0	0.8	356	1,426	화성시청	
6	〃	6.29.	화성시 (비봉면)	안산시, 군포시	07:32 (01:43)	30.4	4.0	2.1	530	1,258	안산시청, 군포시청	
7	〃	6.30.	군포시	의왕시 과천 시 안양시	05:56 (03:33)	25.2	4.2	0.9	236	966	의왕시청, 과천시청, 안양시청	
8	〃	7. 1.	안양시	시흥시, 광명시	07:10 (00:31)	31.9	4.4	0.8	241	1,314	시흥시청	
9	〃	7. 2.	광명시	부천시	04:27 (01:28)	22.1	4.9	0.5	151	796	광명시청, 부천시청	
10	〃	7. 3.	부천시	김포시, 고양시	06:11 (01:37)	33.3	5.3	0.6	237	1,169	김포시청, 고양시청	
11	〃	7. 4.	고양시	파주시	07:03 (01:00)	35.0	4.9	0.5	235	1,283	파주시청	
12	〃	7. 5.	파주시	양주시, 의정부시	05:21 (00:50)	27.2	5.0	1.1	120	979	양주시청, 의정부시청	
13	〃	7. 6.	의정부시	동두천시	06:31 (01:50)	30.2	4.6	0.4	72	1,088	동두천시청	
14	〃	7. 7.	동두천시	연천군	06:53 (01:18)	33.5	4.9	0.2	109	1,264	연천군청	
15	〃	7. 8.	연천군	포천시	09:31 (01:15)	36.7	4.7	1.2	274	1,254	포천시청	
16	〃	7. 9.	포천시	구리시	07:13 (01:23)	37.1	5.1	0.6	173	1,362	구리시청	
17	〃	7.10.	구리시	하남시, 남양주시	07:07 (02:12)	38.2	4.9	0.6	247	1,283	하남시청, 남양주시청	
18	〃	7.11.	남양주시	가평군	06:04 (01:09)	34.1	5.5	0.6	171	1,223	–	
19	〃	7.12.	가평군 (청평면)	가평군 (청평면)	07:33 (02:34)	33.3	4.5	0.8	218	1,303	가평군청	
20	〃	7.15.	가평군 (청평면)	양평군 (양서면)	09:17 (01:26)	46.4	4.8	0.2	154	1,667	–	
21	〃	7.16.	양평군 (양서면)	양평군 (양평읍)	03:16 (01:12)	16.3	4.7	0.6	92	576	양평군청	
22	〃	7.17.	양평군 (양평읍)	여주시	07:03 (00:56)	34.4	5.0	0.2	118	1,314	여주시청	

주) 각종 데이터는 매일 걷기운동 종료 후 '운동 앱'인 '트랭글'에 나타난 수치를 반영한 것임(평균경사도 · 누적고도 · 소모열량의 합계는 중요성이 미약하여 생략).
※ 걷기운동 총 소요시간 = 운동시간* + 휴식시간**

구분 일차	사·도 (권역)	시·군 지역별 걷기운동 결과									주요 경유지	비고
		날짜	출발지	도착지	운동시간* (휴식시간**)	걷기 거리 (km)	평균 속도 (km/h)	평균 경사도 (%)	누적 고도 (m)	소모 열량 (kcal)		
23	경기	2019. 7.18.	여주시	이천시, 광주시	09:53 (01:22)	41.3	4.8	0.6	249	1,566	이천시청	
24	"	7.19.	광주시	성남시, 용인시	09:50 (01:30)	47.2	4.7	1.2	461	1,719	광주시청, 성남시청	
25	"	7.20.	용인시 (죽전동)	수원시	07:06 (01:22)	34.5	4.8	0.9	296	1,235	용인시청	
—	충남 세종 대전 소계	(18일)	3개 사·도 20개 시·군·구		127:33 (22:06)	578.1 (1일 평균 32.1)	4.5	—	—	—		
26	충남	7.29.	태안군	서산시	04:15 (00:25)	20.2	4.8	0.6	123	820	태안군청, 서산시청	
27	"	7.30.	서산시	홍성군	10:08 (02:18)	44.6	4.0	2.3	580	1,685	충남도청, 홍성군청	
28	"	7.31.	홍성군	청양군	07:14 (00:45)	30.3	4.2	0.6	147	1,296	청양군청	
29	"	8. 1.	청양군	보령시	07:05 (02:01)	30.1	4.2	1.5	374	1,228	보령시청	
30	"	8. 2.	보령시 (명천동)	보령시 (무창포)	04:47 (01:09)	22.5	4.2	0.5	221	861	—	
31	"	8. 3.	보령시	서천군	07:10 (01:13)	31.4	4.3	0.5	259	1,322	서천군청	
32	"	8. 4.	서천군	부여군	06:51 (02:23)	33.1	4.1	0.5	307	1,091	—	
33	"	8. 5.	부여군 (홍산면)	부여군 (터미널)	03:50 (00:18)	18.7	4.9	0.1	70	769	부여군청	
"	"	"	예산군 (터미널)	예산군 (예산읍)	02:12 (00:31)	10.1	4.6	0.4	49	405	예산군청	
34	"	8. 6.	예산군	당진시	10:27 (01:28)	46.4	4.4	0.4	514	1,911	당진시청	
35	"	8. 7.	당진시	아산시	08:43 (01:10)	36.7	4.4	0.5	291	1,504	아산시청	
36	"	8. 8.	아산시	천안시	05:11 (01:04)	20.6	3.9	1.4	218	831	천안시청	
37	세종	8. 9.	천안시	세종시 (조치원)	07:22 (00:46)	35.1	4.6	0.4	195	1,395	—	
38	"	8.10.	세종시 (조치원)	세종시, 공주시	09:30 (02:00)	44.5	4.7	0.3	186	1,833	세종시청	
39	충남	8.11.	공주시	논산시	09:03 (01:25)	43.0	4.6	0.4	220	1,710	공주시청, 논산시청	
40	"	8.12.	논산시	계룡시	06:03 (00:25)	29.3	4.4	0.4	221	1,082	계룡시청	
41	대전	8.13.	계룡시	대전서구	06:27 (00:42)	28.2	4.2	0.7	206	1,074	대전시청, 서구청	
42	"	8.14.	유성구	대덕구, 동구, 중구	05:46 (01:11)	24.0	4.1	0.8	147	935	유성구청, 대덕구청, 동구청, 중구청	
43	충남	8.15.	대전중구	금산군(금산 터미널→단 양터미널)	05:29 (00:52)	29.3	4.8	0.8	264	1,088	금산군청	

주) 각종 데이터는 매일 걷기운동 종료 후 '운동 앱'인 '트랭글'에 나타난 수치를 반영한 것임(평균경사도 · 누적고도 · 소모열량의 합계는 중요성이 미약하여 생략).
※ 걷기운동 총 소요시간 = 운동시간* + 휴식시간**

구분 일차	사·도 (권역)	날짜	출발지	도착지	운동시간* (휴식시간**)	걷기 거리 (km)	평균 속도 (km/h)	평균 경사도 (%)	누적 고도 (m)	소모 열량 (kcal)	주요 경유지	비고
–	충북 소계	(10일)	1개 사·도 11개 사군		79:30 (12:01)	377.7(1일 평균 37.8)	4.8	–	–	–	–	
44	충북	2019. 8.16.	단양군	제천시	07:34 (00:42)	35.3	4.6	0.5	247	1,436	단양군청, 제천시청	
45	〃	8.17.	제천시	충주시	09:04 (01:19)	48.3	4.9	1.0	146	1,770	충주시청	
46	〃	8.18.	충주시	음성군	06:34 (00:31)	31.3	4.7	1.0	355	1,272	음성군청	
47	〃	8.19.	음성군	진천군	08:26 (01:17)	41.2	4.8	0.8	218	1,668	진천군청	
48	〃	8.20.	진천군	증평군	06:20 (01:26)	28.1	4.2	1.0	287	1,112	증평군청	
49	〃	8.21.	증평군	과산군	06:55 (02:36)	33.3	4.5	1.0	380	1,268	과산군청	
50	〃	8.22.	과산군	과산터미널	01:07 (00:01)	5.4	4.7	0.3	15	209	–	
〃	〃	〃	증평터미널	청주시 (경찰차)	01:00 (00:01)	5.3	5.2	0.5	51	204	–	
〃	〃	〃	청주시	청주시	05:11 (00:23)	18.6	4.5	0.5	83	761	청주시청, 충북도청	
51	〃	8.23.	청주시	보은군	11:22 (01:55)	50.9	4.2	1.8	636	2,037	보은군청	
52	〃	8.24.	보은군	옥천군	08:11 (01:00)	42.7	4.9	1.6	482	1,608	옥천군청	
53	〃	8.25.	옥천군	영동군	07:46 (00:50)	37.3	4.7	1.3	502	1,478	영동군청	
–	전북 소계	(15일)	1개 사·도 14개 사군		110:29 (13:42)	520.6(1일 평균 34.7)	4.7	–	–	–	–	
54	전북	8.26.	영동군	무주군	06:12 (01:46)	32.6	3.8	1.0	188	1,400	무주군청	
55	〃	8.27.	무주군 (무주읍)	무주군 (안성면)	05:15 (00:45)	23.1	4.2	1.3	325	932	–	
56	〃	8.28.	무주 (안성면)	장수군	07:44 (01:21)	34.3	4.3	1.7	398	1,412	장수군청	
57	〃	8.29.	장수군	남원시	08:12 (00:45)	40.7	4.9	0.9	142	1,639	남원시청	
58	〃	9.17.	남원시 (터미널)	남원시	01:20 (00:09)	4.5	3.2	0.5	36	187		
〃	〃	9.18.	남원시	남원시	01:00 (00:00)	4.2	4.2	걷기운동앱 미가동			–	
〃	〃	9.18.	남원시	순창군	06:32 (00:54)	30.6	4.6	1.4	327	1,236	순창군청	
59	〃	9.19.	순창군	임실군	09:28 (01:11)	47.7	5.0	0.8	398	1,887	임실군청	
60	〃	9.20.	임실군	진안군	06:30 (00:58)	30.9	4.7	1.2	323	1,247	진안군청	
61	〃	9.21.	진안군	완주군	10:55 (01:05)	52.3	4.7	1.2	403	2,049	완주군청	

주) 각종 데이터는 매일 걷기운동 종료 후 '운동 앱'인 '트랭글에 나타난 수치를 반영한 것임(평균경사도 · 누적고도 · 소모열량의 합계는 중요/성이 미약하여 생략).
* 걷기운동 총 소요시간 = 운동시간* + 휴식시간**

구분 일차	시·도 (권역)	날짜	출발지	도착지	운동시간* (휴식시간**)	걷기 거리 (km)	평균 속도 (km/h)	평균 경사도 (%)	누적 고도 (m)	소모 열량 (kcal)	주요 경유지	비고
62	전북	2019. 9.22.	완주군	전주시	07:05 (00:41)	30.6	4.2	0.9	285	1,157	전주시청, 전북도청	
63	"	9.23.	전주시	익산시	07:04 (00:41)	37.7	5.2	1.0	277	1,308	익산시청	
64	"	9.24.	익산시	군산시	06:21 (00:40)	29.7	4.6	0.3	127	1,167	군산시청	
65	"	9.25.	군산시	김제시	07:19 (01:07)	36.7	5.0	0.4	217	1,463	김제시청	
66	"	9.26.	김제시	부안군	05:55 (00:21)	28.9	4.8	0.6	358	1,125	부안군청	
67	"	9.27.	부안군	정읍시	06:37 (00:27)	30.8	4.6	0.3	179	1,253	정읍시청	
68	"	10. 8.	정읍시	고창군	05:00 (00:51)	25.3	5.0	0.3	95	1,043	고창군청	
–	전남 광주 소계	(26일)	2개 사도 27개 사·군·구		172:41 (28:54)	800 (1일평 균 30.8)	4.6	–	–	–	–	
69	전남	10. 9.	고창군	영광군	06:01 (00:37)	30.1	5.0	0.3	134	1,239	영광군청	
70	"	10.10.	영광군	함평군	06:09 (00:55)	30.3	4.9	0.8	210	1,238	함평군청	
71	"	10.11.	함평군	나주시	05:23 (00:58)	27.1	4.9	0.8	269	1,034	나주시청	
72	광주	10.12.	나주시	광주시 서구	07:42 (00:32)	34.4	4.4	0.3	294	1,400	광주시청, 서구청	
73	"	10.13.	서구	북구, 동구, 남구, 광산구	06:35 (01:02)	30.1	4.5	0.5	127	1,165	북구청, 동구청, 남구청, 광산구청	
74	전남	10.14.	광주시 광산구	장성군	05:13 (00:54)	23.7	4.6	0.7	147	943	장성군청	
75	"	10.15.	장성군	담양군	07:01 (01:05)	35.6	5	0.7	241	1,347	담양군청	
76	"	10.16.	담양군	곡성군	07:50 (01:32)	38.7	4.9	0.5	197	1,567	곡성군청	
77	"	10.17.	곡성군	(화순行순천 시 주암면)	07:14 (01:40)	33.6	4.6	1.1	369	1,368	–	
78	"	10.18.	(순천시주 암면)	화순군 (터미 널)	07:45 (00:39)	40.2	4.7	1.6	431	1,504	화순군청	
"	"	"	나주시 (터 미널)	나주시	00:43 (00:03)	3.2	4.3	0.7	13	119	–	
79	"	10.19.	나주시	무안군	06:42 (00:51)	28.8	4.6	0.3	104	1,182	무안군청	
80	"	10.20.	무안군	신안군, 목포 시	10:57 (01:33)	52.8	4.8	0.3	252	2,121	신안군청, 목포시청	
81	"	10.21.	목포시	영암군	08:25 (00:56)	42.3	5.0	0.1	162	1,676	전남도청, 영암군청	

주) 각종 데이터는 매일 걷기운동 종료 후 '운동 앱'인 '트랭글'에 나타난 수치를 반영한 것임(평균경사도 · 누적고도 · 소모열량의 합계는 중요성이 미약하여 생략).
※ 걷기운동 총 소요시간 = 운동시간* + 휴식시간**

구분 일차	시·도 (권역)	날짜	출발지	도착지	운동시간* (휴식시간**)	걷기 거리 (km)	평균 속도 (km/h)	평균 경사도 (%)	누적 고도 (m)	소모 열량 (kcal)	주요 경유지	비고
82	전남	2019. 10.22.	(영암 터미널), 우수영	진도군 (터미널)	04:28 (00:51)	20.8	4.4	1.4	215	837	진도군청	
"	"	"	진도군 (우수영 정류장)	진도군 우수영 (숙소)	00:34 (00:00)	2.2	3.8	0.2	36	97	–	
83	"	10.23.	진도군 (우수영)	해남군(터미널, 완도군 원동리)	06:42 (01:16)	34.3	5.1	0.1	145	1,403	해남군청	
84	"	10.24.	완도군 (군외면 원동리)	완도군 완도읍 (터미널)	05:33 (00:47)	25.6	4.5	0.7	247	1,030	완도군청	
85	"	10.28.	해남군 (터미널)	해남군 (해남읍)	00:17 (00:06)	1.2	4.1	1.3	38	47	–	
"	"	10.29.	해남군	강진군	05:40 (00:22)	27.6	4.8	2.8	468	1,062	강진군청	
86	"	10.30.	강진군	장흥군	04:47 (00:41)	21.8	4.5	0.2	62	904	장흥군청	
87	"	10.31.	장흥군	보성군	04:54 (01:34)	24.0	4.4	0.7	261	886	보성군청	
88	"	11. 1.	보성군 (보성읍)	보성군 (벌교읍)	07:34 (00:42)	34.9	4.6	0.9	203	1,441	–	
89	"	11. 2.	보성군 (벌교읍)	고흥군 (터미널)	07:50 (00:07)	37.5	4.8	0.6	239	1,553	고흥군청	
"	"	"	벌교읍 (터미널)	벌교읍 (숙소)	01:01 (00:08)	3.6	3.4	1.1	104	150	–	
90	"	11. 3.	보성군 (벌교읍)	순천시 (터미널)	05:55 (01:48)	24.7	4.0	0.8	65	999	순천시청	
91	"	2022. 7.13.	순천시 (터미널)	순천시 (풍덕동)	00:31 (00:00)	2.1	4.0	1.9	5	107	–	
"	"	7.14.	순천시 (풍덕동)	여수시	09:31 (01:00)	30.0	4.2	1.5	288	1,258	여수시청	
92	"	7.15.	순천시 (장전동)	광양시	05:47 (02:29)	26.0	4.4	1.5	261	1,134	광양시청	
"	"	"	곡성군 (곡성역)	숙소	00:52 (01:07)	2.5	2.8	1.8	22	136	–	
93	"	7.16.	곡성군 (곡성읍)	곡성군 (오곡면)	03:50 (02:39)	16.4	4.3	0.9	79	726	–	
94	"	7.17.	곡성군 (오곡면)	구례군	03:15 (00:00)	14.4	4.7	1.4	58	664	구례군청	
–	경남 소계	(24일)	1개 시·도 18개 시·군		115:34 (06:25)	572.1 (1일 평균 23.8)	5.0	–	–	–	–	
95	경남	7.19.	구례군	하동군 (화개면)	03:20 (00:17)	15.9	4.8	1.3	55	704		
96	"	7.20.	하동군 (화개면)	하동군 (하동읍)	03:50 (00:00)	20.3	5.3	0.4	70	898	하동군청	

주) 각종 데이터는 매일 걷기운동 종료 후 '운동 앱'인 '트랭글'에 나타난 수치를 반영한 것임(평균경사도 · 누적고도 · 소모열량의 합계는 중요성이 미약하여 생략).
※ 걷기운동 총 소요시간 = 운동시간** + 휴식시간**

구분 일차	사·도 (권역)	날짜	출발지	도착지	운동시간* (휴식시간**)	걷기 거리 (km)	평균 속도 (km/h)	평균 경사도 (%)	누적 고도 (m)	소모 열량 (kcal)	주요 경유지	비고
97	경남	2022. 7.21.	하동군 (하동읍)	하동군 (금남면)	03:56 (00:00)	18.0	4.9	1.6	98	771	–	
98	"	7.22.	하동군 (금남면)	남해군 (남해읍)	03:39 (00:06)	20.2	5.4	0	198	831	남해군청	
"	"	"	하동군 (터미널)	하동군 (하동읍)	00:51 (00:13)	2.0	2.4	4	24	136		
99	"	7.23.	하동군 (하동읍)	하동군 (진교면)	04:51 (00:01)	23.4	4.8	2.3	489	1,055	–	
100	"	7.24.	하동군 (진교면)	사천시	03:59 (00:04)	18.9	4.7	1.8	60	850	사천시청	
"	"	"	진주시 (터미널)	진주시 (강남동)	00:52 (00:03)	3.4	3.8	3.4	25	179	진주시청	
101	"	7.25.	진주시 (강남동)	고성군 (상리면)	05:01 (00:24)	24.2	5.0	1.2	118	1,111	–	
102	"	7.26.	고성군 (상리면)	고성군 (고성읍)	03:36 (00:17)	20.3	5.7	1.2	141	823	고성군청	
103	"	7.27.	고성군 (고성읍)	통영시	04:25 (00:02)	22.5	5.1	1.6	153	1,088	통영시청	
104	"	7.28.	통영시	거제시	05:10 (00:04)	26.2	5.1	2.2	377	1,166	거제시청	
"	"	"	진주시 (터미널)	진주시	00:29 (00:01)	1.2	2.7	11.5	5	82		
105	"	7.29.	진주시	의령군	07:34 (01:27)	36.8	4.9	2.2	497	1,567	의령군청	
106	"	7.30.	의령군	함안군	03:45 (00:00)	18.7	5.0	1.1	112	845	함안군청	
107	"	7.31.	함안군	창원시	06:51 (00:27)	33.2	4.8	1.2	166	1,474	창원시청, 경남도청	
108	"	8.1.	창원시	김해시	06:21 (00:22)	30.7	4.8	2.3	435	1,325	김해시청	
109	"	8.2.	김해시	양산시	06:22 (00:25)	28.4	4.4	0.6	121	1,319	양산시청, 부산강서구청	
110	"	8.3.	양산시	밀양시 (삼랑진)	05:18 (00:02)	27.0	5.1	0.2	89	1,193	–	
111	"	8.4.	밀양시 (삼랑진)	밀양시 (시청)	04:33 (00:20)	20.8	4.6	1.0	58	963	밀양시청	
112	"	8.5.	창녕군 (영산면)	창녕군 (창녕읍)	02:42 (00:09)	12.0	4.5	1.5	107	549	창녕군청	
113	"	8.6.	창녕군 (창녕읍)	합천군 (청덕면)	03:23 (00:41)	18.7	5.5	0.3	30	767	–	
114	"	8.7.	합천군 (청덕면)	합천군 (합천읍)	05:33 (00:31)	27.8	5.0	1.1	268	1,204	합천군청	
115	"	8.8.	합천군 (합천읍)	합천군 (묘산면)	02:49 (00:00)	14.3	5.1	3.0	319	614		
116	"	8.9.	합천군 (묘산면)	거창군	05:02 (00:09)	26.1	5.2	1.4	378	1,112	거창군청	
117	"	8.10.	거창군	함양군	06:21 (00:17)	35.8	5.6	1.3	317	1,395	함양군청	

구분 일차	사·도 (권역)	날짜	출발지	도착지	운동시간* (휴식시간**)	걷기 거리 (km)	평균 속도 (km/h)	평균 경사도 (%)	누적 고도 (m)	소모 열량 (kcal)	주요 경유지	비고
118	경남	2022. 8.11.	함양군	산청군	05:01 (00:03)	25.3	5.1	2.6	524	1,101	산청군청	
–	부산 울산 소계	(6일)	2개 사·도 21개 구군		36:26 (05:49)	144.6 (1일 평균 24.1)	4.0	–	–	–		
118	부산	8.11.	부산북 (구포역)	북구	02:57 (00:22)	10.3	3.5	4.8	289	571	부산북구청	
119	"	8.12.	북구	부산진	07:02 (01:20)	25.1	3.7	1.4	319	1,184	금정구청, 동래구청, 부산시청, 연제구청, 부산진구청	
120	"	8.13.	부산진	영도구	07:21 (00:52)	30.3	4.2	1.7	344	1,402	사상구청, 사하구청, 서구청, 중구청, 영도구청	
121	"	8.14.	중구	해운대 (좌2동)	05:24 (00:44)	22.4	4.1	1.0	179	1,049	동구청, 남구청, 수영구청, 해운대구청	
"	"	"	해운대 (송정동)	기장군	02:00 (00:49)	8.2	4.1	1.5	69	389	기장군청	
122	8.15.		기장군 (숙소)	기장역	00:24 (00:07)	1.2	2.8	2.0	2	59		※강서구청은 109일 차에 이미 경유
"	울산	"	울주군 (덕하역)	울산시 (남구)	05:38 (01:25)	22.5	4.0	1.2	194	1,095	울주군청, 울산시청, 남구청	
123	"	8.16.	울산시 (남구)	울산시 (동구)	03:05 (00:01)	15.4	5.0	1.0	175	655	동구청	
"	"	"	울산시 (동구)	울산시 (북구)	02:35 (00:09)	9.2	3.7	2.3	116	481	중구청, 북구청	
–	경북 대구 소계	(32일)	2개 사·도 31개 구군		188:44 (34:30)	875.6 (1일 평균 27.4)	4.6	–	–	–		
124	경북	8.17.	울산시 (북구)	경주시 (외동읍)	02:32 (00:01)	12.1	4.8	0.4	42	551	–	
125	"	8.18.	경주시 (외동읍)	경주시 (황오동)	06:12 (00:30)	28.6	4.6	0.3	116	1,289	경주시청	
126	"	8.19.	경주시 (황오동)	영천시	08:46 (01:13)	42.7	4.9	0.3	211	1,827	영천시청	
127	"	8.20.	영천시	경산시	06:30 (00:24)	30.6	4.8	0.4	128	1,337	경산시청	
128	"	8.21.	경산시	청도군	05:33 (00:19)	30.7	5.2	0.7	176	1,179	청도군청	
"	"	"	경산시 (경산역)	경산시	00:27 (00:27)	1.3	2.7	9.6	36	78	–	
129	대구	8.22.	경산시	대구중 (동인동)	09:50 (02:57)	35.2	3.6	0.6	179	1,723	수성구청, 동구청, 북구청, 서구청, 중구청, 대구시청	
130	"	8.23.	대구중 (동인동)	달성군	05:25 (00:30)	22.3	4.1	0.8	134	1,085	남구청, 달서구청, 달성군청	

구분 일차	시·도 (권역)	시·군 지역별 걷기운동 결과									주요 경유지	비고
		날짜	출발지	도착지	운동시간* (휴식시간**)	걷기 거리 (km)	평균 속도 (km/h)	평균 경사도 (%)	누적 고도 (m)	소모 열량 (kcal)		
131	경북	2022. 8.24.	대구북 (비산동)	칠곡군	06:53 (00:42)	30.2	4.4	1.3	199	1,427	칠곡군청	
132	"	8.25.	칠곡군	성주군	04:02 (00:31)	18.3	4.5	1.2	145	848	성주군청	
133	"	8.26.	성주군	고령군	06:06 (00:08)	27.8	4.7	2.1	377	1,246	고령군청	
134	"	9.12.	칠곡군 (왜관역)	칠곡군	00:33 (00:08)	1.3	2.5	0.7	9	74	–	
"	"	9.13.	칠곡군	구미시	05:20 (00:57)	24.3	4.6	0.6	93	1,111	구미시청	
135	"	9.14.	구미시	김천시	06:24 (00:27)	30.3	4.7	0.5	158	1,427	김천시청	
136	"	9.15.	김천시	상주시	08:16 (01:08)	40.4	4.9	1.2	303	1,807	상주시청	
137	"	9.16.	상주시	문경시	05:58 (00:31)	25.2	4.2	0.7	131	1,222	문경시청	
138	"	9.17.	문경시	예천군	06:26 (00:35)	27.9	4.3	0.9	181	1,326	예천군청	
139	"	9.18.	예천군	영주시	00:56 (00:14)	28.4	4.8	1.5	312	1,273	영주시청	
140	"	10. 4.	영주시 (터미널)	영주시 (숙소)	00:36 (00:55)	2.2	3.7	0.6	1	111	–	
"	"	10. 5.	영주시 (영주동)	봉화군	03:15 (00:05)	15.6	4.8	0.8	104	714	봉화군청	
141	"	10. 6.	예천군 (숙소)	안동시 (풍천읍)	04:41 (00:25)	22.5	4.8	1.2	177	1,032	경북도청	
142	"	10. 7.	안동시 (풍천읍)	안동시 (용상동)	04:07 (00:23)	19.3	4.7	1.6	184	894	안동시청	
143	"	10. 8.	안동시 (용상동)	의성군	09:14 (00:49)	37.0	4.0	2.2	499	1,775	의성군청	
144	"	10. 9.	의성군	군위군	04:25 (00:00)	23.5	5.3	0.3	101	1,039	군위군청	
145	"	10.10.	경주시	포항시 (죽도동)	06:59 (00:41)	33.4	4.7	0.9	128	1,540	포항시청	
146	"	10.11.	포항시 (죽도동)	포항시 (송라면)	05:10 (00:23)	24.4	4.7	0.0	193	1,129	–	
147	"	10.12.	포항시 (송라면)	영덕군	05:36 (00:38)	26.6	4.8	0.0	125	1,218	영덕군청	
148	"	10.13.	영덕군	청송군 (주왕산)	08:11 (00:21)	36.2	4.4	2.6	760	1,714	–	
149	"	10.14.	청송군 (주왕산)	청송군 (진보면)	07:12 (00:43)	31.9	4.4	0.0	415	1,491	청송군청	
150	"	10.15.	청송군 (진보면)	영양군	05:04 (00:01)	22.0	4.4	0.9	154	1,043	영양군청	
"	"	"	영덕군 (터미널)	영덕군 (숙소)	00:34 (00:28)	2.0	3.5	0.0	7	99	–	
151	"	10.16.	영덕군 (숙소)	울진군 (후포면)	08:38 (00:49)	36.3	4.2	0.3	254	1,706	–	

구분 일차	시·도 (권역)	날짜	출발지	도착지	운동시간* (휴식시간**)	걷기 거리 (km)	평균 속도 (km/h)	평균 경사도 (%)	누적 고도 (m)	소모 열량 (kcal)	주요 경유지	비고
152	경북	2022. 10.17.	울릉군 (사동)	울릉군 (저동)	06:47 (01:13)	33.9	4.2	2.0	463	1,314	-	
153	"	10.18.	울릉군 (저중)	울릉군 (사동)	01:59 (00:14)	7.2	3.5	2.8	198	366	울릉군청	
154	"	10.19.	울진군 (후포면)	울진군 (매화면)	06:50 (00:38)	28.5	4.2	1.7	262	1,373		
155	"	10.20.	울진군 (매화면)	울진군 (울진읍)	03:17 (00:02)	15.5	4.7	0.3	38	718	울진군청	
–	서울 소계	(6일)	1개 사·도 25개 구		49:32 (04:27)	189.9 (1일 평균 31.7)	3.8	–	–	–	–	
156	서울	10.28.	중구 (을지로)	강서구	06:41 (00:31)	26.5	4.0	2.3	312	1,315	서울시청, 중구청, 용산구청, 마포구청, 강서구청	
157	"	10.29.	강서구	관악구	08:05 (00:25)	32.2	3.9	1.4	277	1,557	양천구청, 영등포구청, 구로구청, 금천구청, 동작구청, 관악구청	
158	"	10.30.	관악구	광진구	08:09 (00:30)	31.3	3.9	1.4	263	1,539	서초구청, 강남구청, 송파구청, 강동구청, 광진구청	
159	"	10.31.	성동구	강북구	07:02 (00:30)	27.4	3.9	0.8	162	1,375	성동구청, 동대문구청, 중랑구청, 노원구청, 도봉구청, 강북구청	
160	"	11. 1.	강북구	종로구	09:02 (00:48)	30.3	3.4	3.5	528	1,568	성북구청, 은평구청, 서대문구청, 종로구청	
161	"	11. 2.	종로구	수원 (영통구)	10:33 (01:43)	42.2	4.0	1.8	452	2,060	-	
–	제주 소계	(7일)	1개 사·도 2개 시		42:32 (05:40)	197.5 (1일 평균 28.2)	4.6	–	–	–	–	
162	제주	11.15.	제주공항 (용담동)	제주시 (건입동)	02:29 (00:31)	10.1	4.2	2.0	118	517	제주도청, 제주시청	
163	"	11.16.	제주시 (건입동)	제주시 (구좌읍)	06:41 (00:55)	32.7	4.9	1.1	173	1,508	-	
164	"	11.17.	제주시 (구좌읍)	서귀포시 (표선면)	06:15 (00:54)	30.2	4.9	0.9	133	1,406	-	
165	"	11.18.	서귀포시 (표선면)	서귀포시 (서귀동)	06:58 (00:34)	21.7	4.8	1.4	245	1,464	서귀포시청	
166	"	11.19.	서귀포시 (서귀동)	서귀포시 (대정읍)	06:57 (00:47)	32.2	4.6	2.2	321	1,479	-	
167	"	11.20.	서귀포시 (대정읍)	제주시 (한림읍)	06:33 (00:43)	30.5	4.7	0.8	124	1,436	-	
168	"	11.21.	제주시 (한림읍)	제주공항 (용담동)	06:39 (01:16)	30.1	4.5	1.3	205	1,408	-	

주) 각종 데이터는 매일 걷기운동 종료 후 '운동 앱'인 '트랭글'에 나타난 수치를 반영한 것임(평균경사도·누적고도·소모열량의 합계는 중요성이 미약하여 생략).
※ 걷기운동 총 소요시간 = 운동시간* + 휴식시간**

구분 일차	시·도(권역)	시·군 지역별 걷기운동 결과								주요 경유지	비고
		날짜	출발지	도착지	운동시간* (휴식시간**)	걷기 거리 (km)	평균 속도 (km/h)	평균 경사도 (%)	누적 고도 (m)	소모 열량 (kcal)	
–	강원 소계	(26일)	1개 시·도 18개 시·군		172:07 (17:56)	748.4(1일 평균 28.8)	4.4	–	–	–	–
169	강원	2023. 3. 1.	울진군 (울진읍)	삼척시 (원덕읍)	08:32 (00:52)	35.9	4.2	2.4	441	1,747	
170	"	3. 2.	삼척시 (원덕읍)	삼척시 (남양동)	09:18 (00:56)	35.7	3.8	2.6	430	1,841	삼척시청
171	"	3. 3.	삼척시 (남양동)	삼척시 (도계읍)	08:17 (00:50)	35.0	4.2	2.4	476	1,690	
172	"	3. 4.	삼척시 (도계읍)	태백시(태백터미널→삼척터미널)	04:48 (00:03)	18.1	3.8	4.7	651	966	태백시청
173	"	3. 5.	삼척시 (남양동)	동해시 강릉시(옥계면)	07:04 (00:57)	29.3	4.2	2.2	334	1,430	동해시청
174	"	3. 6.	강릉시 (옥계면)	강릉시(강릉터미널→제천터미널)	07:20 (00:12)	32.2	4.4	2.2	336	1,537	강릉시청
175	"	3. 7.	제천시	영월군 (남면)	04:47 (00:05)	24.1	4.7	1.5	181	1,064	–
"	"	"	영월군 (남면)	영월군 (영월읍)	03:22 (00:55)	12.0	3.5	3.0	191	608	영월군청
176	"	3. 8.	영월군	평창군	07:35 (01:02)	31.8	4.4	2.3	424	1,473	평창군청
177	"	3. 9.	평창군	정선군(정선터미널→여주터미널)	06:28 (00:13)	32.0	4.6	2.6	451	1,370	정선군청
"	"	"	여주시 (터미널)	여주시 (안양동)	00:37 (00:00)	2.6	4.3	1.5	21	137	
178	"	3.10.	여주시 (안양동)	원주시 (문막읍)	04:53 (00:53)	22.1	4.5	2.9	358	1,021	
179	"	3.11.	원주시 (문막읍)	원주시 (원동)	04:20 (00:04)	20.1	4.6	3.4	380	967	원주시청
180	"	3.12.	원주시 (원동)	횡성군	04:56 (01:30)	21.0	4.3	1.8	198	1,011	횡성군청
181	"	3.13.	횡성군	홍천군	09:43 (01:13)	41.8	4.3	3.5	749	2,071	홍천군청
182	"	3.14.	홍천군	춘천시(춘천터미널→강릉터미널)	08:38 (00:05)	37.4	4.3	3.0	578	1,800	춘천시청
183	"	3.15.	강릉시 (홍제동)	양양군 (현남면)	05:59 (00:29)	24.9	4.2	1.6	189	1,213	강원도청
184	"	3.16.	양양군 (현남면)	양양군 (양양읍)	06:07 (02:00)	26.4	4.3	1.3	192	1,257	–
185	"	3.17.	양양군 (양양읍)	속초시 고성군(아야진)	06:11 (00:27)	27.7	4.5	1.1	148	1,340	양양군청
186	"	3.18.	고성군 (아야진)	고성군(간성터미널→춘천터미널)	03:39 (00:00)	17.7	4.9	0.9	79	818	속초시청
"	"	"	춘천시 (터미널)	춘천시 (소양동)	00:52 (00:00)	3.9	4.5	1.2	18	187	고성군청
"	"	"	춘천시 (소양동)	춘천시(퇴계동 하이마트→소양동)	01:14 (00:00)	5.3	4.2	1.7	40	272	–

주) 각종 데이터는 매일 걷기운동 종료 후 '운동 앱'인 '트랭글'에 나타난 수치를 반영한 것임(평균경사도 · 누적고도 · 소모열량의 합계는 중요성이 미약하여 생략).
※ 걷기운동 총 소요시간 = 운동시간* + 휴식시간**

구분 일차	시·도 (권역)	시·군 지역별 걷기운동 결과									주요 경유지	비고
		날짜	출발지	도착지	운동시간* (휴식시간**)	걷기 거리 (km)	평균 속도 (km/h)	평균 경사도 (%)	누적 고도 (m)	소모 열량 (kcal)		
187	강원	2023. 3.19.	춘천시 (소양동)	화천군 (화천읍)	05:46 (01:20)	30.1 (터널오류)	4.5	1.8	319	1,236	화천군청	
188	"	3.20.	화천군 (화천읍)	화천군 (간동면)	04:16 (00:33)	19.6	4.6	1.7	261	941	–	
189	"	3.21.	화천군 (간동면)	양구군 (양구읍)	06:02 (01:12)	31.4	4.6	1.8	268	1,077	양구군청	
190	"	3.22.	양구군 (양구읍)	인제군(인제 터미널→화 천터미널)	07:46 (00:10)	34.1	4.4	4.6	831	1,673	인제군청	
191	"	3.23.	화천군 (화천읍)	화천군 (상서면)	08:08 (00:31)	25.1	3.1	8.6	1,095	1,561	–	
192	"	3.27.	화천군 (상서면)	철원군 (서면)	04:29 (00:42)	18.1	4.0	4.2	285	906	–	
193	"	3.28.	철원군 (서면)	포천시 (영북면)	05:57 (00:42)	28.2	4.8	1.0	145	1,340	철원군청	
194	"	3.29.	포천시 (영북면)	포천시 (신읍동)	05:03 (00:00)	24.8	4.9	0.8	100	1,153	–	
–	인천 소계	(7일)	1개 시·도 10개 구군		44:44 (07:24)	201.6 (1일 평균 28.8)	4.5	–	–	–	–	–
195	인천	4. 3.	김포시 (터미널)	강화군 (선원면)	06:32 (01:11)	31.1	4.3	0.8	122	1,425	강화군청	
196	"	4. 4.	강화군 (선원면)	김포시 (양촌읍)	06:58 (00:46)	31.5	4.6	1.7	268	1,517	–	
197	"	4. 5.	김포시 (양촌읍)	인천중구 (사동)	06:48 (00:31)	28.9	4.3	1.0	430	1,532	서구청, 동구청, 중구청	
198	"	4. 6.	인천중구 (사동)	남동구 (구월동)	06:04 (00:43)	26.4	4.3	4.4	389	1,374	미추홀구청, 옹진군 청, 연수구청, 남동 구청, 인천시청	
199	"	4. 7.	남동구 (구월동)	부평구 (부평동)	06:41 (02:53)	30.8	4.5	1.5	254	1,474	부평구청, 계양구청	
200	"	4. 8.	부평구 (부평동)	안양시 (안양동)	05:54 (01:05)	27.7	4.7	1.5	207	1,300	–	
201	"	4. 9.	안양시 (만안동)	수원시 (팔달동)	05:47 (00:15)	25.2	4.4	2.0	218	1,221	–	

구분		계	1원짜리	10원짜리	50원짜리	100원짜리	500원짜리	비고
총계		108개 (7,011원)	1개 (1원)	46개 (460원)	7개 (350원)	52개 (5,200원)	2개 (1,000원)	
경기	소계	5	1			3	1	
	김포시	3	1			1	1	
	가평군	1				1		
	용인시	1				1		
충남	소계	4		1		3		
	보령시	1		1				
	세종시(조치원)	1				1		
	계룡시	1				1		
	대전 유성구	1				1		
충북	소계	4		1	1	2		
	충주시	1				1		
	제천시	1			1			
	청주시	2		1		1		
전북	소계	2		1		1		
	고창군	2		1		1		
전남	소계	58		32	4	21	1	
	함평군	1				1		
	나주시	1		1				
	곡성군	1		1				
	무안군	2			1	1		
	해남군	2		2				
	강진군	2		1		1		
	장흥군	4		1		3		
	보성군	2		2				
	고흥군	30		20		10		
	순천시	7		4	2	1		
	여수시	3				2	1	
	광양시	3			1	2		

구분		계	1원짜리	10원짜리	50원짜리	100원짜리	500원짜리	비고
경남	소계	11		1	1	9		
	하동군	4		1	1	2		
	고성군	2				2		
	통영시	2				2		
	거제시	2				2		
	의령군	1				1		
경북	소계	21		9	1	11		
	경주시	13		7	1	5		
	청도군	2				2		
	영주시	2				2		
	안동시	1				1		
	군위군	1				1		
	청송군	1		1				
	영양군	1		1				
강원	소계	2				2		
	양양군	1				1		
	철원군	1				1		
인천	소계	1		1				
	강화군	1		1